DAS GEOPOLITISCHE RISIKO

Dr. Katrin Suder ist Strategie- und Technologieexpertin. Die Physikerin hat Mandate in diversen Aufsichtsräten, leitete als Vorsitzende den Digitalrat der Bundesregierung unter Angela Merkel und berät als Partnerin von Macro Advisory Partners (MAP) S&P-500-Unternehmen und DAX-Konzerne. Sie war Direktorin bei McKinsey & Co. und Staatssekretärin im Bundesverteidigungsministerium.

Jan Friedrich Kallmorgen berät seit 15 Jahren internationale Investoren und Unternehmen an der Schnittstelle von (Geo-)Politik, Kapitalmarkt und Wirtschaft. Nach Tätigkeiten bei der Investmentbank Goldman Sachs, der Deutschen Gesellschaft für Auswärtige Politik (DGAP) sowie verschiedenen Thinktanks und Public-Affairs-Firmen hat der ausgebildete Historiker und Politikwissenschaftler 2017 das Beratungshaus Berlin Global Advisors (BGA) gegründet.

Katrin Suder, Jan F. Kallmorgen

DAS GEO
POLITISCHE
RISIKO

Unternehmen in der neuen Weltordnung

Campus Verlag
Frankfurt/New York

ISBN 978-3-593-51558-8 Print
ISBN 978-3-593-45040-7 E-Book (PDF)
ISBN 978-3-593-45041-4 E-Book (EPUB)

Umschlaggestaltung: Verena Bönniger, Delicious Layouts, Hilden
Umschlagmotiv: © Shutterstock / donvictorio
Redaktion: Jan W. Haas
Satz: DeinSatz Marburg UG | lf
Gesetzt aus der Scala und Unit Pro
Druck und Bindung: Beltz Grafische Betriebe GmbH, Bad Langensalza
Beltz Grafische Betriebe ist ein klimaneutrales Unternehmen (ID 15985-2104-1001).
Printed in Germany

www.campus.de

INHALT

Kapitel 1

WILLKOMMEN IM JAHR 2025 – EIN SZENARIO

Es ist ein warmer Tag im September 2025. Am Stadtrand von Mainz ist ein großes Zelt aufgebaut. Man hört Musik. Zur Einweihung einer neuen Giga-Fabrik sind Vertreter von Politik, Medien und Wirtschaft angereist. Es ist bereits die dritte Batteriefabrik in Deutschland, die innerhalb kürzester Zeit entstanden ist, und die erste in Rheinland-Pfalz. Kurz vor der Bundestagswahl wollen sich führende Wirtschaftspolitiker:innen noch einmal von ihrer besten Seite zeigen, zumal die Batterieherstellung inzwischen ein boomender Markt ist. Immer mehr Elektroautos auf deutschen und anderen Straßen weltweit benötigen immer mehr Batterien. Elektromobilität gilt damit inzwischen als einer der größten Wachstumstreiber, auch und gerade für die deutsche Chemieindustrie. In ganz Europa wird in Forschungsprojekte investiert, um die Kapazität der Batterien weiter zu erhöhen, immer neue Giga-Fabriken sind im Bau. In den festlichen Ansprachen in Mainz ist von der »Reindustrialisierung Europas« die Rede – und auch vom Ziel, sich in der Batterietechnologie »endgültig unabhängiger von den Marktführern aus Asien« zu machen. »Hier geht es um die Selbstständigkeit Europas«, sagt eine Rednerin. »Wenn wir uns auf chinesische Hersteller verlassen hätten, wäre die europäische Industrie heute längst tot!«

In den USA war bereits im Januar Kamala Harris als neue US-Präsidentin vereidigt worden. In der zurückliegenden Wahl im November 2024 hatte sie sich knapp gegen den republikanischen Bewerber Mike Pence durchsetzen können. Ihrem Vorgänger Joe Biden war es nach den zermürbenden Jahren der Trump-Präsidentschaft gelungen, die Gräben innerhalb der US-amerikanischen Gesellschaft zu verkleinern. Dank einer Politik des billigen Geldes hatten viele Amerikaner vom boomenden Aktienmarkt profitiert. Auch das Arbeitsmarkt- und Infrastrukturprogramm der Biden-Administration hatte Wirkung gezeigt. Andererseits war die private und öffentliche Verschuldung in schwindelerregende Höhen gestiegen. In der Außenpolitik hatten die USA durch das Desaster in Afghanistan viel Vertrauen bei Verbündeten verspielt, konnten in den Folgejahren ihre Allianzen aber wieder stärken. Dies galt insbesondere für den Indo-Pazifik-Raum, der strategischen Hauptarena, um die Gegenmacht China einzudämmen. Denn China war und ist der globale Rivale der USA; längst ist es auf vielen Feldern zu einem »Decoupling« gekommen, also einer Entkopplung der beiden Großmächte, mittlerweile auch auf dem Feld der Technologie.

Das von Xi Ping geformte China, ein ebenso effizienter wie autoritärer kapitalistisch-kommunistisch-konfuzianisch geprägter Staat mit stark wachsender Cyber-Aktivität und -Überwachung, ist unvermindert bestrebt, seinen globalen Einfluss weiter auszubauen. Mittlerweile ist die De-facto-Diktatur für drei Viertel aller Länder zum wichtigsten Handelspartner geworden. Der 2020 ausgerufene 14. Fünf-Jahres-Plan ist in aller Konsequenz umgesetzt, wirtschaftlicher Erfolg scheint nun endgültig nicht mehr mit der Staatsform Demokratie verknüpft zu sein. Xi Jinping ist der unumstrittene Führer Chinas, der Kult um seine Person nimmt längst bizarre Züge an.

Die Welt sieht Bilder von Aufmärschen und Versammlungen, in denen Soldaten, Funktionäre und Bauern in Ehrfurcht erstarrt und mit aufgerissenen Augen seinen Worten lauschen und in jeder Sprechpause eifrig klatschen, um auf diesem Weg »Sozialpunkte« auf der vorinstallierten staatlichen Smartphone-App zu sammeln. Und auch 2025 erweist sich die autokratische Struktur Chinas nicht als wirtschaftlicher Nachteil.

Analoge und digitale Seidenstraßen

China hat Stück für Stück die Vorherrschaft im eurasischen Raum sowie in Afrika erobert. In den vergangenen Jahren ist die Seidenstraßen-Strategie mit immer neuen Infrastruktur- und Logistikprojekten weiter ausgebaut worden; als besonders erfolgreich hat sich die »Gesundheits-Seidenstraße« erwiesen. Während der COVID-19-Pandemie war es zunächst vor allem China, das Schwellen- und Entwicklungsländer mit Impfstoff versorgte und sich dadurch neuen Einfluss sicherte. Schon zuvor hatten chinesische Kredite und Baufirmen das Gesicht Afrikas verändert. Infrastrukturprojekte wie das städtische Nahverkehrssystem in Äthiopiens Hauptstadt Addis Abeba, das China in den 2010er-Jahren für rund 500 Millionen Euro installierte, halfen dem Land, seine Macht auf dem afrikanischen Kontinent auszubauen. China hat in den vergangenen Jahren zahlreiche Minen, Fabriken und Einkaufszentren finanziert und gebaut – und das nicht nur in Afrika und asiatischen Staaten. »Gebaut« und »geteert« wurde zudem im Netz. Die Strategie einer digitalen Seidenstraße, die aus Telekommunikationsnetzen ebenso wie aus Überwachungstechnologie besteht, verfolgt China auch im Jahr 2025 noch mit gleicher Vehemenz. Das einzige

Problem: In der Chipproduktion hat China trotz aller Bemühungen den Anschluss an die Weltspitze noch nicht geschafft. Auf dem chinesischen Markt und in den weniger entwickelten Teilen Asiens sowie in der Automatisierungstechnik dominiert China. Mit einer Mischung aus strategischer Technologiepolitik und Protektionismus ist es den USA und der EU aber gelungen, die Führerschaft in Schlüsseltechnologien wie Halbleiterproduktion, Mikroelektronik im Allgemeinen, Lasertechnologie und Spezialoptik zu verteidigen. Bei Zukunftstechnologien wie Quantencomputing, KI, Medizintechnik und digitalen Kryptowährungen liefern sich die USA und China bis heute ein Kopf-an-Kopf-Rennen.

2025 ist Europa souveräner

Die Europäische Union hat im Jahr 2025 einen wichtigen Schritt hin zu mehr Souveränität getan. Maßgeblich dabei war die größte staatliche Intervention in der europäischen Nachkriegsgeschichte: der European Green Deal und das »Fit-for-55«-Programm der EU. Ihr ambitioniertes Ziel: bis 2050 die Nettoemissionen von Treibhausgasen auf null zu reduzieren und damit Europa als ersten Kontinent klimaneutral zu machen – und gleichzeitig Weltmarktführer für neue, CO_2-freie Technologien, Produktion und Distribution zu werden. Dieser Green Deal wurde tatsächlich mit dem Ehrgeiz eines »Man-on-the-Moon-Projekts« angegangen, wie es EU-Kommissionspräsidentin Ursula von der Leyen, die 2025 im Amt bestätigt wurde, nannte. So gelang es, die Transformation der europäischen Industrie in Richtung Dekarbonisierung einen entscheidenden Schritt voranzutreiben. Nachdem der Kontinent mehr als 200 Jahre auf fossile Rohstoffe gesetzt hat, zeigt er im Jahr 2025 ein neues Gesicht: Wasserstoff wird eine realistische Energiequelle. Sie stammt vor allem aus globalen H2-Partnerschaften, die die EU unter Führung Deutschlands mit Ländern wie Australien, Brasilien oder Marokko geschmiedet hat.

Zentral für den Erfolg des Green Deal war eine etwas sperrig klingende und anfangs nur von Expert:innen beachtete, aber hochwirksame Regulierung, die Anfang 2022 in Kraft getreten war: die EU-Taxonomie. Diese verfolgt das Ziel, mithilfe eines Klassifikationssystems für grüne und nachhaltige Investments Kapitalströme in Unternehmen und Projekte zu lenken. Damit hat die EU einen starken Anreiz für Unternehmen geschaffen, die Dekarbonisierung voranzutreiben und sich als soziale Akteure zu positionieren. Wer 2025 nicht verantwortungsvoll wirtschaftet, kann sich kaum noch Geld auf den Finanzmärkten beschaffen oder nur zu sehr ungünstigen Konditionen, weil immer mehr Fonds und Investmentbanken ausschließlich in Firmen, die »grün, nachhaltig und gerecht« agieren, investieren oder ihnen Kredite geben. Mithilfe der EU-Taxonomie gelang es, Investitionen in Billionenhöhe zugunsten der Dekarbonisierung weitgehend über den Kapitalmarkt zu finanzieren – ein regulatorischer Coup der EU, der Wirkung zeigt: So legen internationale Versicherungen und Pensionsfonds weltweit 2025 ihre Gelder überproportional in der Europäischen Union an.

Parallel dazu wurden bisher maßgebliche EU-Kriterien aufgeweicht. Keinem Staat ist es gelungen, nach der Corona-Krise seine Schulden wieder unter die im Maastricht-Vertrag festgelegte Grenze von 60 Prozent des Bruttosozialprodukts zu drücken. 2023 war der Stabilitäts- und Wachstumspakt in einem wichtigen Punkt geändert worden: Staatliche Investitionen in grüne Projekte und Infrastruktur werden seitdem separat von anderen Staatsausgaben behandelt, wodurch die EU-Mitgliedsstaaten nun deutlich mehr Flexibilität hinsichtlich ihrer Ausgabenpolitik haben. Die südeuropäischen Länder unter Führung von Italiens Ministerpräsident Mario Draghi hatten dies gegen starken Widerstand der kleineren nordeuropäischen Länder durchgesetzt – flankiert von Frankreichs wiedergewähltem Präsidenten Macron und geduldet von der deutschen Regierung unter Bundeskanzler Olaf Scholz.

Die Folgen waren drastisch: Allein in Deutschland liegt die Staatsverschuldung 2025 bei knapp 2,5 Billionen Euro und damit noch einmal deutlich über dem Rekordstand, der durch die erhöhten Ausgaben im Zuge der Corona-Krise erreicht worden war. Auch die EZB hat ihre Politik des billigen Geldes und niedriger Zinsen zur Unterstützung der wirtschaftlichen Erholung nach der Corona-Krise und von Investitionen in den Green Deal fortgesetzt. Zusammen mit einem erheblichen – zum Teil durchaus gewollten, aber von den Bürger:innen und der Industrie heftig kritisierten – Anstieg der Energiepreise führte dies zu einem Anstieg der Inflationsrate über die 2-Prozent-Grenze, die sich die EZB gesetzt hat. Der Vorteil, den viele Ökonom:innen früher hinter vorgehaltener Hand, nun aber immer offener artikulieren: Inflation ist schon immer ein mögliches Mittel zum Schuldenabbau gewesen.

Bemerkenswerterweise und entgegen der Erwartung vieler Skeptiker:innen war es Draghi, Macron und Scholz ebenfalls gelungen, die lange angestrebte EU-Banken- und Kapitalmarktunion zu schaffen. Damit erhielt die Wirtschaft endlich leichteren Zugang zu paneuropäischen Finanzdienstleistungen mit einheitlichen Regeln, größeren Aktienmärkten vor der Haustür, Private Equity sowie dem dringend für Innovationen benötigten Wagniskapital. Der offene EU-Kapitalmarkt hat wiederum maßgeblich dazu beigetragen, die notwendigen Billionen-Investitionen für den Klimawandel zu mobilisieren.

Eine gemeinsame Außen- und Sicherheitspolitik gibt es nicht

Während die EU 2025 in puncto Klima oder auch Digitalwirtschaft und Datenschutz eine regulatorische Weltmacht ist, lässt sich dasselbe in der Außen- und Sicherheitspolitik nicht behaupten. Zwar haben sich einige Länder unter Führung Frankreichs und Deutschlands zusammengetan, um stabilisierende Auslandseinsätze vor allem in Afrika durchzuführen und dadurch das Aufkommen neuer Flüchtlingsströme zu verhindern. Dennoch ist die EU nach wie vor keine globale Ordnungsmacht und militärisch weiterhin von den USA und der NATO abhängig, denn die USA hält den nuklearen Schutzschirm zur Verteidigung der EU-Ostflanke aufrecht. Im Gegenzug erwartet Washington von den europäischen Partnern allerdings, dass sie den USA hinsichtlich der Politik gegenüber China folgen – der neue transatlantische »Grand Bargain«. Zu diesem gehört auch, dass sich primär die Europäer:innen um Stabilität in den Beziehungen zu Russland und der Türkei kümmern, was seit dem Ausscheiden von Wladimir Putin aus dem Präsidentenamt im vergangenen Jahr zunehmend gelingt.

Eine spürbare Veränderung seit der Zeit der Corona-Pandemie ist der wesentlich stärkere Einfluss des Staates in der Wirtschaft und der Industriepolitik. In der Corona-Krise erwarben viele Staaten Anteile an Privatunternehmen. In den meisten Fällen konnte dieses Engagement bis 2025 noch nicht rückgängig gemacht werden, ganz allgemein besteht eine große Abhängigkeit von staatlichen Investitionsprogrammen. Die Europäische Union hat den EU Recovery Fund mit einem

Volumen von 750 Milliarden Euro – davon rund die Hälfte erstmals als Gemeinschaftsschulden – aufgelegt, die USA das sogenannte Stimulus Package mit dem Rekordwert von rund zwei Billionen US-Dollar. Beide Programme haben den beteiligten Volkswirtschaften und den Aktienmärkten starken Auftrieb gegeben. Schwer haben es Investor:innen aus Nicht-EU-Ländern, vor allem in den »renationalisierten« Bereichen Pharma- und Medizintechnik. Medikamente werden als Folge der Pandemie wieder zunehmend in Europa hergestellt, auch um in Krisenfällen die Abhängigkeit von außereuropäischen Lieferanten zu senken.

Die neue Verantwortung der Unternehmen

Im Jahr 2025 hat sich die Rolle von Unternehmen und CEOs weiter gewandelt. Vor allem die großen Konzerne leisten inzwischen einen entscheidenden Beitrag zur Bewältigung des Klimawandels, ebenso wie zur Überwindung der wachsenden Ungleichheit in der westlichen Welt sowie in den Ländern des globalen Südens. Der »Stakeholder-Kapitalismus« ist nun Realität: Kein Unternehmen kann es sich 2025 noch leisten, nicht über eine ausgefeilte Nachhaltigkeits- und Verantwortungsstrategie zu verfügen. Es gibt bereits erste Verantwortungs-GmbHs.

Die neue Verantwortung der Unternehmen manifestiert sich insbesondere in drei Buchstaben: ESG. Die Abkürzung steht für Nachhaltigkeit in den Bereichen Environment (u. a. Umwelt und Klima), Social (u. a. soziale Gerechtigkeit, Arbeitsrechte, Diversität, Menschenrechte) und Governance (u. a. Aufsichtsstrukturen, Compliance). Bei Investitions- und Produktionsentscheidungen ist es im Jahr 2025 selbstverständlich, dass ESG-Kriterien Berücksichtigung finden. Wie zentral das Thema inzwischen ist, wird bei den Hauptversammlungen der großen Konzerne deutlich. Während in den 2010er-Jahren das Thema Verantwortung noch unter dem Kürzel CSR (Corporate Social Responsibility) zusammengefasst und auf Hauptversammlungen eher sporadisch diskutiert wurde – auch weil es sich oft um PR handelte –, spricht 2025 ein CEO ganz selbstverständlich in seiner Rede von Klimaschutz, sozialem Zusammenhalt, Kampf gegen Kinderarbeit, Reduzierung von Kobalt für Batterietechnologien und von der Verantwortung seines Unternehmens im Hinblick auf die Einhaltung von Menschenrechten. Das Verständnis und die Kommunikation mit all diesen Stakeholdern ist zentraler Bestandteil der CEO-Agenda geworden.

Und nicht zu vergessen: 2025 hat eine Reihe von weiblichen CEOs die Verantwortung in DAX-Konzernen übernommen – endlich.

GeoTech ist 2025 ein zentrales Thema – auch für CEOs

Mit einer weiteren Dimension müssen sich CEOs, ob weiblich oder männlich, 2025 verstärkt auseinandersetzen: den Folgen der anhaltenden geopolitischen Systemrivalität zwischen China und dem Westen und dem damit einhergehenden Wettbewerb auf dem Feld der Hochtechnologie. Die USA haben eine sogenannte »Tech Containment«-Politik gegenüber China entwickelt und wollen die europäischen Alliierten zunehmend darin einbinden. Die Folge: Unternehmen werden gezwungen, sich zu entscheiden, welche Technologien sie bei wem einkaufen und wo sie sie einsetzen. Im Technologiebereich ist es nicht mehr länger eine Frage der besten Lösungen und der Architektur, sondern zunehmend der Geografie, wo Entwicklung, Produktion und Distribution von Produkten sowie Datenverarbeitung angesiedelt werden. Unternehmen bauen infolgedessen zum Teil teure Mehrfachstrukturen auf – für den amerikanischen und den chinesischen Markt und etwa beim Datenmanagement zunehmend für jedes einzelne Land. Nicht nur den globalen Technologiekonzernen ist es nun verwehrt, auf allen Märkten mit einem einheitlichen Angebot aufzutreten – dies betrifft in immer größerem Maße alle Unternehmen, denn Technologie ist inzwischen zentral für jedes Geschäftsmodell geworden. 2025 haben viele ihre digitale Transformation entweder abgeschlossen oder doch deutlich vorangetrieben, sie sind technologiegetrieben. Prozesse sind digitalisiert worden, Daten bilden die Grundlage für Entscheidungen, repetitive Aufgaben werden von künstlicher Intelligenz durchgeführt, Fabriken sind umgebaut, Hardware und Software kommen zusammen, der allgemeine Automatisierungsprozess hat eine neue Stufe erreicht. Die geotechnologische Teilung der Welt führt insofern dazu, dass im einen Land nicht gilt, was im anderen Standard ist. Dies verursacht Ineffizienzen und treibt die Kosten.

Apropos Kosten: Weil durch das Internet of Things (IoT) alles mit allem verknüpft ist, wird auch alles gehackt – zahlreiche Unternehmen haben das sogenannte *cyber rat race* verloren, konnten »Eindringlinge« nicht abwehren und sind insolvent gegangen.

Weil Digitalisierung und die dafür notwendigen Technologien so zentral geworden sind, weil sie 2025 *der* Rohstoff sind für alle Industrien und Prozesse, werden sie inzwischen als politisches Instrument eingesetzt.

Und genau da tun sich viele vor allem mittelständische Unternehmen schwer, den neuen Anforderungen gerecht zu werden. Viele Mittelständler stellen 2025 fest, dass sie es jahrelang versäumt haben, sich auf diese stark politisch getriebene Zeit vorzubereiten. Denn es zeigt sich: Mehr als jemals zuvor sollten Unternehmen wissen, in welchem politischen Umfeld sie jeweils agieren.

Ob 2025 so aussehen wird? Wir wissen es nicht. Mit Prognosen sollte man generell vorsichtig sein. Wer hätte Anfang 2020 geahnt, dass wenige Wochen später eine Pandemie alles auf den Kopf stellen würde? Auf der anderen Seite hat die Weltgemeinschaft auch gezeigt, zu was sie in der Lage ist: Innerhalb eines Jahres war es Wissenschaftler:innen gelungen, Corona-Tests bereitzustellen, die Behandlung anzupassen und einen sicheren und wirksamen Impfstoff zu entwickeln. So schnell wie nie zuvor im Kampf gegen ein Virus. Im Grunde stimmt das zuversichtlich, trotz aller Krisen, Kriege und Verwerfungen, die das Leben auf dem Planeten belasten.

Fest steht jedoch: In diesem Jahrzehnt, in der Zeit bis zum Jahr 2030, müssen Unternehmenslenker:innen, Aufsichtsräte und Investoren größte Priorität auf das richtige Management von geopolitischen Risiken, Klimawandel, ESG und Technologie legen. Davon hängt mittelfristig ein Großteil des Unternehmenswerts ab.

Dafür müssen wir auch nicht ins Jahr 2025 blicken. Außen- und sicherheitspolitische Machtverschiebungen haben längst CEO-Relevanz bekommen, müssen von Vorständen im Blick behalten werden. Denn sie beeinflussen Strategien, Geschäftsmodelle, Investitionen und Handel.

Das beobachten wir in unserer täglichen Arbeit in unseren verschiedenen Rollen und insbesondere in der geopolitischen Beratung – und das versuchen wir in diesem Buch zu vermitteln.

Kapitel 2

DIE DREI DIMENSIONEN DER GEOPOLITIK, DIE UNTERNEHMEN IN DEN BLICK NEHMEN MÜSSEN

Am 11. September 2017 feiert Katalonien seinen Nationalfeiertag. Wie in jedem Jahr wird in Barcelona des Nationalhelden Rafael Casanova i Comes gedacht. Eigentlich nur ein sich alljährlich wiederholendes Ritual. Doch 2017 ist alles anders. Die Stimmung ist aufgeheizt, mehr als eine Million Menschen sind an diesem Septembertag gekommen, es ist eine gewaltige Demonstration – und die Demonstranten haben nur eine Forderung: Katalonien soll sich von Spanien abspalten. Die Region will die Unabhängigkeit. Am 1. Oktober 2017 soll es auf Wunsch der Katalanen ein Unabhängigkeitsreferendum geben, mit dem sich das wirtschaftlich starke Katalonien vom Rest des Landes loslösen will. Angeführt wird die Unabhängigkeitsbewegung vom Regionalpolitiker Carles Puigdemont, der in einer Rede vor dem katalonischen Regionalparlament klarstellt:»Wenn Madrid keine Einigung will und die Mehrheit der Katalanen einen unabhängigen Staat will, wie soll man das dann verhindern?« Damit ist der Ton vorgegeben.

Was in Barcelona geschieht, sorgt für ein heftiges Brodeln, nicht nur in Spanien. Auch im europäischen Ausland und in der Europäischen Kommission wird es aufmerksam beobachtet. Und es gibt viel Kritik. Der spanische König Felipe VI. sagt im Oktober 2017 in einer Fernsehansprache, die katalanische Regionalregierung habe sich nicht an die Rechtsordnung Spaniens gehalten. Das Ganze sei ein »unverantwortliches Verhalten«, mit dem sie »die wirtschaftliche und soziale Stabilität« Kataloniens und ganz Spaniens riskiere. Das Verfassungsgericht in Madrid erklärt das Referendum schließlich für verfassungswidrig, was die Regionalregierung nicht davon abhält, es dennoch durchzuführen – koste es, was es wolle.

»Wie ein autoritärer Staat!«

In den Tagen rund um das Referendum werden die Auseinandersetzungen lauter und heftiger. Hunderttausende demonstrieren in Barcelona gegen die Regierung in Madrid. Die Welt sieht, wie spanische Polizisten mit Schlagstöcken und Gummigeschossen auf Demonstranten losgehen; Wahllokale werden geschlossen, Abstimmungsunterlagen beschlagnahmt. Das Ergebnis des Referendums lautet, dass 90 Prozent der Wähler für die Ausrufung einer katalanischen Republik gestimmt haben, allerdings bei nur 42 Prozent Wahlbeteiligung. Am 27. Oktober 2017 wird im katalanischen Parlament die Unabhängigkeit der Region ausgerufen – was von Madrid nicht anerkannt wird. Am 30. Oktober 2017 erhebt die spanische Staatsanwaltschaft dann Anklage gegen Puigdemont, er wird per Haftbefehl gesucht. Die Vorwürfe lauten: Rebellion, Auflehnung gegen die Staatsgewalt und Unterschlagung öffentlicher Gelder. Puigdemont flieht nach Brüssel – und kritisiert bei einer Pressekonferenz vor allem auch die EU: »Fundamentale Freiheitsrechte europäischer Bürger wurden verletzt. Aber von der EU kommt nichts!« Die Zentralregierung in Madrid handele, so Puigdemont, »wie ein autoritärer Staat«. Die Lage bleibt verworren, unklar war und ist, was aus dem Wunsch nach Unabhängigkeit Kataloniens wird.

Mitten in dieser Gemengelage bekamen wir als Berater:innen eine Anfrage. Eine amerikanische Energiefirma wollte im Hafen von Barcelona knapp eine Milliarde Euro in eine Anlage investieren. Ein Investment, das auf mindestens 20 Jahre angelegt war. Das am Mittelmeer gelegene Barcelona war als Standort eigentlich ideal. Aber sie waren unsicher und fragten uns: Was passiert da? Wie ist die Entwicklung zu bewerten? Wird Katalonien ein eigenständiger Staat, tritt es aus der EU aus? Wie werden sich die Beziehungen zur EU entwickeln? Wie wird die spanische Regierung reagieren? Helft uns, diese Entwicklung zu verstehen. Wie gesagt: Betriebswirtschaftlich betrachtet war die Investition eine kluge Entscheidung, juristisch und politisch jedoch eine zur damaligen Zeit äußerst brisante.

Wir machten uns an die Arbeit. Denn dies war eine der typischen Situationen, in denen wir angefragt werden: Wenn die Lage unübersichtlich und die weitere Entwicklung nicht absehbar ist, wenn es gilt, über den aktuellen Tellerrand hinauszublicken, zeigt sich, wie relevant heute fundierte geopolitische Kenntnisse sind. Denn das geopolitische Risiko ist greifbar – und doch noch zu wenig beleuchtet. Dabei hängt für Unternehmen vieles von differenzierten geopolitischen Einschätzungen und Analysen ab.

Unternehmen, die Arbeitsplätze schaffen und Steuern zahlen und damit die Grundlage unseres Wohlstands schaffen, müssen auf die neuen globalen Veränderungen vorbereitet sein. Je früher und konsequenter sie mögliche Szenarien durchdacht haben, desto zeitiger lassen sich Anpassungen vornehmen: an der Strategie, am Geschäftsmodell, an der Investitionsplanung. Mittlerweile haben das immer mehr Unternehmenslenker:innen verstanden. Aber es war ein langer Weg – den wir auch persönlich gegangen sind. Heute, zu Beginn des Jahres 2022, sind geopolitische Analysen und Beratung gefragter denn je, zumal eine Pflicht besteht, die wichtigsten Themen zu bedenken. Vorstand und Aufsichtsrat sind nicht zuletzt auch rechtlich gebunden, sich geopolitischer Risiken anzunehmen, wie einer der renommiertesten deutschen Gesellschaftsrechtsexperten, Christoph Seibt, im Gespräch mit uns betont. So muss die Führungsetage externe Risiken – wie etwa den Konflikt USA-China – im Auge behalten und mögliche Folgen antizipieren, muss die Risikoanalyse Themen wie Klimawandel oder Menschenrechte berücksichtigen. Geschieht das nicht, gilt es als Pflichtverletzung. Mit anderen Worten: Unternehmen müssen ihren Blick auf die Welt schärfen und über ihre klassische betriebswirtschaftliche Perspektive hinausdenken.

Ihnen will dieses Buch helfen, indem es die neuen Dynamiken und ihre Zusammenhänge analysiert, Fragen stellt und zum Perspektivwechsel einlädt. Wir sehen uns dabei in der Rolle von Übersetzer:innen und Frühwarner:innen, die seit Jahren darauf achten, was auf internationalen Konferenzen und in Thinktanks diskutiert wird und welche Pläne das Weiße Haus, die Brüsseler EU-Kommission oder die chinesische Staatsführung verfolgen. Oder wohin der ESG-Zug rollt, welche Anforderungen und Risiken das neue »Lieferkettensorgfaltsgesetz« ab 2023 birgt oder wer bei künstlicher Intelligenz (KI) und Halbleitern die Nase vorn hat.

Was die Wirtschaft heute über Geopolitik, ESG-Verantwortung und Technologie wissen muss

Wir leben in einer Welt, die volatil, unberechenbar, komplex und voller Ambiguitäten ist – in der oft zitierten VUKA-Welt also. Nichts ist sicher; was gestern noch galt, kann morgen veraltet sein. Wir haben das in den vergangenen 20 Jahren immer wieder selbst erlebt und gesehen, welche Wucht geopolitische Entscheidungen entfalten können. Als Staatssekretärin im Bundesverteidigungsministerium (BMVg) von 2014 bis 2018 erlebte Katrin Suder eines jener politisch ausgelösten »Beben«, die in den vergangenen Jahren stark zugenommen haben: »Wir waren damals, Anfang 2017, alle geschockt. Wir trafen uns zu einer Besprechung im Verteidigungsministerium, in einem fensterlosen und abhörsicheren Raum, intern auch U-Boot genannt. Es gab leicht säuerlichen Filterkaffee, der schon seit Stunden in der Maschine stand, und es ging um die Nachricht des Tages: Der neue US-Präsident Donald Trump hatte verkündet, die NATO sei für ihn obsolet. Er könne sich vorstellen, dass die USA aus der NATO aussteigen werde, hieß es aus dem Weißen Haus. Und auch wenn man gerade im BMVg vorsichtig sein sollte mit der Formulierung, etwas habe ›wie eine Bombe eingeschlagen‹, stimmt es tatsächlich: Uns klappte die Kinnlade herunter, wir waren sprachlos. Für uns alle im Raum war es unvorstellbar, dass die USA die NATO verlassen könnten. Wir skizzierten, welche unmittelbaren und langfristigen Auswirkungen das haben würde. Es wäre ein tiefer Einschnitt gewesen. Für mich war es rückblickend ein Tag, der mir zeigte, welche Tragweite Entscheidungen haben können, die von einem einzelnen Individuum ausgehen, auch wenn er kein Diktator, sondern der Präsident der mächtigsten Demokratie der Welt ist. Auch wenn es glücklicherweise am Ende anders kam: Es blieb das beunruhigende Gefühl, dass Gewissheiten von einem Tag auf den anderen zerplatzen können, und die Erkenntnis, wie tiefgreifend (und schnell) sich die Welt heute verändern kann. Diese Episode verstärkte bei mir die Überzeugung, dass es zwingend notwendig war, tiefer und umfassender in die Bedeutung von Geopolitik für uns hier in Deutschland einzusteigen. Später entstand daraus der Wunsch, dies ganz konkret für Unternehmen zu tun, anknüpfend an meine Zeit als Beraterin.«

Wenn von Geopolitik die Rede ist, geht es um die Wechselwirkungen zwischen Geografie und Macht. Der Begriff »Geopolitik« fasst beide Parameter zusammen, weil beide große Auswirkungen auf Staaten und die Beziehungen zwischen Staaten sowie auf die Wirtschaft haben. Wer immer Planung im internationalen Maßstab betreibt, sollte dieses Zusammenspiel mitdenken.

Wir erweitern hier die Definition von geopolitischen Risiken um diejenigen externen politischen Dynamiken, die aus unserer Sicht die 2020er-Jahre am stärksten prägen, mit Auswirkungen auf Märkte, Wertschöpfungsketten und Transaktionen: Neben der Geopolitik im engeren Sinne sind dies der neue Imperativ für Klimaschutz, Nachhaltigkeit und Verantwortung, der sich unter ESG subsumieren lässt, sowie Technologie. Wir blicken bewusst ganzheitlich auf diese drei Themenfelder, da sie in Kombination für die Komplexität einer neuen Weltordnung stehen, also das geopolitische Risiko des wirtschaftlichen Handelns bestimmen: daher der Titel dieses Buches.

Die zunehmenden Spannungen zwischen den USA und China, den führenden Mächten und größten Exportmärkten für europäische Unternehmen, werden die nächste Dekade beherrschen. Das wird insbesondere global verflochtene deutsche Unternehmen vor weitreichende Entscheidungen stellen, die nicht allein mithilfe des vertrauten betriebswirtschaftlichen Instrumentariums getroffen werden sollten. Denn der Status quo kann durch ein neues in Washington oder Peking verabschiedetes Gesetz, also quasi mit einer Unterschrift, zerstört werden.

Die zunehmende Systemrivalität zwischen Washington und Peking und die partielle Entkoppelung der jeweiligen Wirtschaftsräume stellt die deutsche Politik und Industrie vor größere Herausforderungen, als vielen derzeit bewusst ist. Daher betrachten wir das Verhältnis zwischen den USA und China und die Rolle der EU und Deutschlands in diesem Gefüge als eine der wichtigsten geopolitischen Fragen der 2020er-Jahre.

Natürlich fordern auch andere Probleme den Westen heraus: Autokratien, die das Völkerrecht missachten; Diktatoren, die foltern und Menschenrechte mit Füßen treten; Korruption; Migrationsdruck; organisierte Kriminalität. Oder auch das Verhältnis zu Russland. Russland ist unser Nachbar, und ohne Russland ist eine dauerhafte Friedensordnung in Europa schwer vorstellbar. Unter Putin zielt Russland eher auf eine Spaltung des Westens und lehnt sich derzeit an seinen anderen Nachbarn China an – eine Entwicklung, die nicht im Interesse des Westens und Europa liegen kann. Auch darauf muss reagiert werden.

Und selbstverständlich bergen auch der Nahe und Mittlere Osten einschließlich der Türkei, Ägyptens, Nordafrikas und der arabischen Halbinsel mit ihren Konflikten, Krisen und diversen gescheiterten Staaten massive politische Risiken, darunter das unabsehbare Potenzial weiterer Flüchtlingskrisen. Nicht zuletzt ist und bleibt es innerhalb Europas kompliziert: Populistische Regierungen wie in Ungarn und Polen stellen Politik und Wirtschaftsakteur:innen vor große Herausforderungen und verhindern auf verschiedenen Ebenen schnelle Fortschritte.

Doch in diesem Buch stehen China und die USA aufgrund ihrer Größe und Relevanz im geopolitischen Mittelpunkt.

Was beim Thema ESG wichtig ist

Zweites Hauptthema dieses Buches ist der Megatrend ESG und die damit verbundenen neuen Erwartungen an Unternehmensführungen, mehr gesellschaftliche Verantwortung zu übernehmen und zum Teil auch politisch Stellung zu beziehen.

Die deutsche und die europäische Industrie stehen vor der Jahrhundertaufgabe der Dekarbonisierung, die privater und öffentlicher Finanzmittel in Billionenhöhe bedarf. Auf drei Dinge kommt es dabei an: neben der Verpflichtung der Wirtschaft auf die Pariser Klimaziele auf die richtigen Rahmenbedingungen und insbesondere auf eine Regulierung, die Anreize schafft, globale Kapitalflüsse in nachhaltige Produktion und Produkte zu lenken. Dies ist eines der Ziele der EU-Sustainable-Finance-Strategie und der eingangs schon erwähnten »Taxonomie«. Gelingt der EU der Green Deal, besteht die Chance, dass europäische Unternehmen mit neuen, CO_2-freien Technologien – etwa durch den Einsatz von Wasserstoff oder neuen, nichtfossilen Antriebsstoffen – einen globalen Wettbewerbsvorteil erlangen. Bis dahin ist es jedoch noch ein weiter Weg und er wird nur gelingen, wenn Deutschland seine volle Innovationskraft einsetzen, Forschung und Entwicklung technologieoffen vorantreiben und das Land seine ganze Kreativität freisetzen kann. Marktwirtschaftliche Freiheit, kombiniert mit intelligenter Regulierung, ist der Schlüssel dazu – darin sind sich die meisten Expert:innen einig. Dann können Unternehmer:innen und Investor:innen zur Bewältigung des Klimawandels, der wichtigsten internationalen politischen Aufgabe, den größtmöglichen Beitrag leisten.

Neben dem »E« in ESG – der Umwelt – müssen sich Unternehmen auch dem »S« widmen, also der sozialen Verantwortung, die Unternehmen tragen. Es geht längst nicht mehr ausschließlich um Gleichberechtigung und Diversität oder um weltweit faire Arbeitsbedingungen und Löhne. Unternehmen werden sich zunehmend für ihr globales Handeln rechtfertigen müssen, etwa wenn sie in autokratisch regierten Ländern produzieren, die Menschenrechtsverletzungen begehen, oder mit Lieferant:innen und Geschäftspartner:innen zusammenarbeiten, die soziale oder arbeitsrechtliche Standards missachten. Die entsprechenden Beispiele in China oder Bangladesch häufen sich. Durch die globale mediale Vernetzung und die sozialen Medien können Missstände in einem fernen Land über Nacht Schlagzeilen im eigenen Land produzieren und in der Öffentlichkeit entsprechenden Handlungsdruck aufbauen.

Auch werden zunehmend neue und höhere Erwartungen an verantwortungsvolle Unternehmensführung, also gute Governance (das »G« in ESG) gestellt. Das reicht von Transparenz über Maßnahmen zur Verhinderung von Korruption und Bestechung bis zum Umgang mit sogenanntem Whistleblowing, also den meist anonymen Hinweisen auf illegale oder anstößige Geschäftspraktiken, oder um vermeintliche Kleinigkeiten wie etwa, wann bestimmte Themen in Aufsichtsgremien besprochen werden.

Laut dem im Februar 2021 veröffentlichten Edelmann Trust Barometer erwarten acht von zehn Befragten, dass sich CEOs zu wichtigen gesellschaftlichen Themen wie den Auswirkungen der Pandemie, der Automatisierung von Arbeitsplätzen und gesellschaftlichen Problemen äußern. Mehr als zwei Drittel erwarten, dass Unternehmenslenker:innen eingreifen, wenn die Regierung gesellschaftliche Probleme nicht löst. Diese Zahlen sprechen eine klare Sprache, und dieses Vertrauen sollte nicht enttäuscht werden.

Mehr noch: Das richtige ESG-Management ist zu einem existenziellen Element der modernen Unternehmensführung geworden und kann Wettbewerbsvorteil sein. Sensibilität für und fundierte Kenntnisse über Themen wie Klimawandel oder Menschenrechte sind die beste Prophylaxe gegen Situationen, die einen enormen ökonomischen Schaden bedeuten können. Wer genau in Ihrem Unternehmen beobachtet etwa derzeit die Situation der Uiguren? Wer hat derzeit die Entwicklung der Black-Lives-Matter-Bewegung im Blick?

Man mag das »woke« finden oder übertrieben, man mag darauf verweisen, dass es so etwas früher auch nicht gegeben habe, dass man sich weder von Minderheiten erziehen lassen noch eine Unternehmensstrategie danach ausrichten wolle, was eine Twitter-Filterblase gerade beschäftigt.

Einverstanden – doch die Welt wandelt sich, das Geld der Investor:innen verfolgt neue Ziele, der Klimaschutz ist längst eine existenzielle Notwendigkeit, kein Nice-to-have, und politische Stimmungen sind heute volatil – und dank sozialer Medien und Digitalisierung sind die Auswirkungen solcher Entwicklungen unmittelbar und in allen Winkeln der Welt messbar und transparent. Vor allem aber ist es erstrebenswert, einem Wandel nicht hinterherzuhinken, sondern ihn zu begleiten, mitzugestalten, selbst voranzutreiben.

Die dritte geopolitische Dimension ist Technologie. In früheren geopolitischen Betrachtungen spielte sie keine zentrale Rolle, heute dagegen entscheidet technologische Überlegenheit, der Grad der Technologisierung, über Macht und Kooperationen von Staaten und Regierungen. Mit dem Vorsprung in Schlüsseltechnologien wie KI oder Mikrochips wächst der politische und wirtschaftliche Einfluss. Technologie und Finanzkraft können in jedem Fall Wert schaffen, Probleme lösen und Fortschritt beschleunigen. Kredite und Know-how-Transfers können neue Zukunftschancen für viele Menschen eröffnen. Das Rennen zwischen den USA, China und – zum Teil – Europa um die Vorherrschaft bei Zukunftstechnologien in den Bereichen KI, Robotik, Biomedizin oder Halbleitern nimmt zu und wird durch Milliardeninvestitionen, aber auch durch starke Regulatorik und Sanktionen auf allen Seiten angeheizt.

Während Technologie früher vor allem Mittel zum Zweck war, ist sie heute auch zu einem politischen Instrument geworden – mit erheblichen Auswirkungen auf Unternehmen. Zugleich hat Technologie einen disruptiven Charakter: In kürzester Zeit kann sich ändern, was gestern noch unverrückbar erschien. Der Historiker Niall Ferguson geht laut einem auf dem Nachrichtenportal Bloomberg veröffentlichten Text davon aus, dass »bei allem, was vor uns liegt, die entscheidenden Variablen technologischer Natur sein werden«. Und das wird sich vor allem im Duell USA versus China äußern. Ferguson bemerkt im Übrigen selbstkritisch: »Ich dachte in Begriffen des 20. Jahrhunderts über Phänomene des 21. Jahrhunderts. Was mit der immerwährenden Natur der Macht zu tun hatte, habe ich im Großen und Ganzen richtig verstanden, was von der disruptiven Kraft der Technologie abhing, habe ich falsch verstanden.«

Wie sich Unternehmen auf die neue Weltordnung einstellen können

Im Hinblick auf weltweite politische Entwicklungen sowie auf ESG und Technologie stehen Unternehmen vor zwei unbequemen, aber unausweichlichen Fragen:

1. Können wir irgendetwas beeinflussen? Verfügen wir über Hebel oder Mittel, um die geopolitische Zukunft in eine für uns positive Richtung zu bewegen oder zumindest das Schlimmste zu verhindern?
2. Wie sollen wir uns auf potenzielle geopolitisch getriebene Veränderungen einstellen? Welche Anpassungen an unserem Geschäftsmodell müssen wir vornehmen?

Dabei gibt es fast immer zwei mögliche Blickwinkel: Man kann eine gegebene Situation oder Bedrohung risikoavers betrachten, also den Schwerpunkt auf Vorsichts- und Schutzmaßnahmen legen. Oder man betrachtet sie eher chancenbasiert, sieht darin in erster Linie eine Herausforderung und ist bereit, zugunsten hoher potenzieller Gewinne auch hohe Verluste zu riskieren. Denn gerade da, wo Gefahren drohen oder wo die Lage kompliziert ist, bieten sich häufig die besten Chancen für echte Innovationen, für einen entschlossenen Schritt nach vorne, für Lösungen, die nicht jeder anbieten kann. Aber das setzt ein tiefes Verständnis und viel Expertise voraus. Risikobereitschaft darf nicht mit Tollkühnheit verwechselt werden, und wer ein Risiko eingehen will, muss dieses vorab so gut wie nur möglich einschätzen und einhegen.

Dazu bedarf es einer politisch denkenden Organisation – denn diese Haltung fördert fast zwangsläufig den Austausch zwischen den Abläufen innerhalb des Unternehmens und seinem Umfeld. Es öffnet die Organisation und belebt sie. Und es setzt einen Feedback-Prozess mit dem Umfeld in Gang: Was müssen wir tun, um zu verstehen, was im Land X vor sich geht? Wie behalten wir politische und gesellschaftliche Entwicklungen im Blick, ohne unser Kerngeschäft aus den Augen zu verlieren? Wodurch verursachen wir eine bestimmte Wahrnehmung unserer Organisation? Besser noch: Wie können wir unser Geschäftsmodell entsprechend den politischen Rahmenbedingungen zukunftsfähig machen – und was brauchen wir, um für Risiken, die sich durch geopolitische Verschiebungen ergeben, sattelfest zu bleiben?

Antwort: Verschaffen Sie sich einen Überblick! Werden Sie politischer! Spielen Sie Optionen und Szenarien durch! Wir haben eine Reihe von Instrumenten entwickelt, um »politischer« zu werden, sprich: um den Blick auf die Weltlage tiefer im Denken und auch der Unternehmens-DNA zu verankern. Entscheidend ist, den »geopolitischen Muskel« auszubilden. Eine erste Form des Trainings ist die Lagefeststellung – und das Formulieren der richtigen Fragen.

Die richtigen Fragen stellen

Wer im asiatischen Raum Geschäfte macht, muss abwägen können, ob und wann eine heiße Krise zwischen China und Taiwan bevorstehen und wie diese sich abspielen könnte. Er oder sie muss ein Gefühl dafür entwickeln, was es bedeutet, wenn die USA ein Manöver mit Kriegsschiffen in der Region abhalten und die Durchfahrt durch das Südchinesische Meer gefährdet ist. Bleibt Taiwan trotz alarmierender Meldungen aus der Region nur ein schlummernder Krisenherd? Angesichts dieser Frage müssen Top-Manager:innen den Konflikt zwischen China und Taiwan im Auge behalten, insbesondere weil die Inselrepublik neben Südkorea der wichtigste Produktionsstandort für moderne Halbleiterchips ist, die überall auf der Welt verbaut werden.

Genauso sollte die CEO einer mittelständischen Autozulieferfirma, die der von den USA nach Mexiko abgewanderten Autoproduktion folgen will, die Unterschiede zwischen dem Norden Mexikos, der wegen anhaltender Drogenkriege immer noch unsicher ist, und dem Süden kennen.

Strategiechef:innen wiederum sollten nicht nur den Business Case, sondern auch das Reputationsrisiko prüfen, das eine Investition in Polen mit sich bringen kann. Welche Auswirkungen hat es für den Ruf des eigenen Unternehmens, wenn in Polen das Abtreibungsrecht verschärft wird und renommierte Frauenrechts-NGOs medienwirksam vor der Firmenzentrale protestieren oder einen »Shitstorm« in den sozialen Medien auslösen?

Genauso wichtig ist es zu verstehen, woher der politische Zündstoff im Konflikt zwischen Japan und Südkorea kommt oder wie hoch die Chance für eine Eskalation in Nordkorea ist, bevor Aufsichtsrat und Aktionär:innen gebeten werden, Milliardenbeträge für eine neue Fabrik in Seoul freizugeben. Vielleicht wäre ja der Norden Australiens ein besserer Standort, um von dort aus den boomenden asiatischen Raum zu beliefern – oder drohen dann Sanktionen aus China, weil Sydney sich mit Washington gegen Peking verbündet hat und Xi ein Exempel statuieren will?

Ein ganz eigenes Feld mit besonders starken geopolitischen Bezügen ist die Cyber-Sicherheit in Unternehmen. Cyber-Angriffe werden nicht nur von Kriminellen, sondern auch von Staaten geführt – zur Spionage oder zur Schwächung des Gegners oder Konkurrenten. Somit werden Unternehmen schnell Nebenopfer von politischen Auseinandersetzungen, die eigentlich gar nichts mit ihren Produkten zu tun haben.

Weltwirtschaft war noch nie so politisch wie heute

Für Unternehmen bedeutet das: Es ist ein Anfang, aber es genügt nicht, die richtigen Fragen zu stellen. Man muss vor allem anders denken, muss Geopolitik als wichtigsten Risikofaktor betrachten. Die Weltwirtschaft war noch nie so politisch wie heute. Das bedeutet für Vorstände und CEOs, künftig Strategie, Politik und Kommunikation stärker zusammen zu denken und den entsprechenden Funktionen im Unternehmen einen höheren Stellenwert einzuräumen. Sie sollten am Anfang von Geschäftsentscheidungen stehen, deren Ausrichtung beeinflussen und immer mehr zur CEO-Priorität werden. In zukünftigen Vorständen sehen dann auch manche Vordenker wie Ian Bremmer, Chef der Eurasia Group, einen »Chief Geopolitical Officer« am Werk. Es dürfte nicht mehr lange dauern, bis Headhunter nach solchen suchen.

In einer Weltordnung, in der wir ständig tektonische Verschiebungen erleben, nützen eine ausschließlich betriebswirtschaftliche Kosten-Nutzen-Analyse oder die schönste Balanced Scorecard wenig. Denn schon morgen kann ein neuer Handelskonflikt ausbrechen oder eine staatliche Cyber-Attacke die Produktion lahmlegen, können politische Sanktionen gegen Geschäftspartner verhängt werden oder Banken aus Gründen des Klimaschutzes die Finanzierung einer neuen Produktionsanlage verweigern.

Oder in Katalonien wieder Rufe nach Unabhängigkeit laut werden.

Warum politische Krisen eine umfassende Analyse erfordern

Im oben angeführten Beispiel Katalonien begannen wir uns einen Überblick über die Lage zu verschaffen. Es galt, in Barcelona, in der Hauptstadt Madrid sowie in Brüssel zu recherchieren. Dafür aktivierten wir unser Netzwerk und befragten Expert:innen, die die Lage sehr genau einschätzen konnten: darunter ein ehemaliger deutsche Botschafter in Spanien, Kontaktpersonen in der spanischen und katalanischen Regierung, mehrere Thinktanks in Madrid, Journalist:innen, politische Stiftungen nebst zahlreichen weiteren Quellen. Es ging darum, ein akkurates Bild der Lage zu erstellen – und nicht das nachzuzeichnen, was in den Medien zu sehen war. Zumal viele Insider davon ausgingen, dass Puigdemont die Bilder von den Ausschreitungen gegen die Polizei ganz bewusst provoziert hat, ganz bewusst eine vermeintliche »Rebellion« inszenierte. Uns ging es darum, zu ergründen: Wie ist die Lage wirklich? Steht Katalonien vor der Abspaltung? Wer sagt was und warum?

Es ergab sich ein vielschichtiges Bild.

Aus Regierungskreisen in Madrid erfuhren wir: Man werde nach außen weiter eine harte Linie fahren, gerade gegenüber Puigdemont, und müsse außerdem das Ansinnen katalonischer Autonomiebefürworter:innen klar verurteilen, weil es einen gefährlichen Präzedenzfall schaffe. Doch im Hintergrund suchte Madrid mit der katalanischen Seite nach Kompromissen. So laut, so vehement der Protest auf den Straßen auch war, so sehr man den Eindruck hatte, ein von Medien befeuerter Unabhängigkeitskrieg stünde kurz bevor, so nüchtern analysierte man die Lage in Madrid.

Viele Tage lang sammelten wir vor Ort Fakten, Einschätzungen und Meinungen. Es ergab sich dann ein Bild, das der tatsächlichen und eben nicht der medienvermittelten Realität entsprach. Das gelingt nur, wenn man die Hintergründe aufspürt und das Gespräch mit den entscheidenden Quellen sucht. Bei diesem Blick hinter die Kulissen fiel immer wieder auf, dass zwar einerseits wütende Verlautbarungen von Politiker:innen im Fernsehen zu sehen waren, wir auf der anderen Seite aber viele wichtige Stimmen sowohl auf katalanischer Seite als auch aufseiten der spanischen Zentralregierung hörten, die die Sache nüchtern betrachteten und Pragmatismus empfahlen. Auch die Reaktionen der EU galt es einzuordnen. Es war klar, dass die EU einen entschiedenen Kurs gegen eine Abspaltung fahren würde, vor allem, weil die Gefahr bestand, dass sich in anderen europäischen Ländern Nachahmer animiert fühlen könnten. Auch wenn die entsprechenden Botschaften mitunter diplomatisch formuliert wurden.

Über Jahre gepflegte Kontakte

Alles, was wir, unsere Expert:innen und Mitarbeiter:innen in Fällen wie diesen zusammentragen, wird in Memos zusammengefasst, dem Unternehmen übergeben, mit ihm diskutiert, um gemeinsam zu Schlüssen zu gelangen, und dann regelmäßig aktualisiert. Ziel ist es, ein möglichst unverfälschtes Bild zu zeichnen. Dazu bedarf es persönlicher Beziehungen, eines

Netzwerks von Kontakten, den Zugang zu den jeweils beteiligten Regierungen, gleich ob diese in Berlin, London, Singapur, Washington oder eben Madrid sitzen, Kontakte zu Ministerien, Diplomaten, Militärangehörigen, zu Verbänden, Handelskammern, zu Thinktanks und Medien. Wer beispielsweise Kunden aus dem Bankensektor, die weltweit und branchenübergreifend agieren, beraten will, muss zwangsläufig über zahlreiche Beziehungen in London, Berlin, Frankfurt (EZB), Brüssel, Washington und New York verfügen – je vielfältiger, desto besser. Diese Beziehungen lassen sich nicht über Nacht herstellen, basieren auf Vertrauen und sind oft über Jahre gewachsen. Es kann sein, dass man wegen einer geplanten Gesetzgebung in den USA 20 Experten kontaktieren muss, um sich über die Wahrscheinlichkeit der Verabschiedung eines Gesetzes und dessen Auswirkungen ein klares Bild machen zu können.

Es sind spezifische und komplexe Fragen wie eben jene nach der möglichen Unabhängigkeit Kataloniens und deren Folgen, auf die Unternehmen Antworten benötigen. Besonders schwierig ist es, wenn der Status quo nicht eindeutig ist. Alle großen Konzerne haben in den für sie wichtigen Hauptstädten der Welt eigene Vertreter:innen, aber es ist aufwendig und teuer, ein so breites wie tiefes weltweites Netzwerk aufzubauen und zu unterhalten, wie es notwendig ist, um ein ganzheitliches Lagebild zu erstellen. Mittelständischen und Familienunternehmen wiederum fehlen erst recht häufig die Ressourcen, die es in Krisen- oder Sondersituationen braucht.

Kapitel 3
WAS UNS WICHTIG IST

Wir kennen uns seit 2004. Katrin Suder ist Physikerin und gelernte Strategieberaterin, war Staatssekretärin im Verteidigungsministerium und ist heute vielfache Aufsichtsrätin. Jan Kallmorgen ist Historiker und Politikwissenschaftler, hat als Journalist und Investmentbanker gearbeitet und hat verschiedene Thinktanks und Unternehmen gegründet. Wir sind beide Partner in Beratungsfirmen für geostrategische Fragen und haben in den letzten 20 Jahren eines gelernt: Ein auf ein einziges Thema verengter Blick ist nicht zukunftsfähig.

Es braucht verschiedene Erfahrungen, Denk- und Sichtweisen, die wir zusammenbringen müssen – um die Dinge im Zusammenhang zu »lesen«, um das große Ganze zu sehen und holistisch zu denken. Dazu ist es sicher hilfreich, wenn man Arbeitserfahrungen in vielen Bereichen gesammelt hat – Unternehmen, Finanzmarkt, Politik, Verwaltung, Medien, Thinktanks, NGOs – und bereit ist, die Perspektive zu wechseln, aus Fehlern der Vergangenheit zu lernen und sich neue Einsichten zu erarbeiten.

Wir brauchen mehr Expertise und Perspektivwechsel – Katrin Suder

Ich glaube an die Kraft von Expertise und von Perspektivwechsel. Meine feste Überzeugung als Physikerin ist, dass uns die Analyse von Daten, die Berücksichtigung von Fakten helfen kann, bessere Entscheidungen zu treffen. Um es mit Marie Curies wundervollen Worten zu sagen: »Man muss vor nichts im Leben Angst haben, man muss es nur verstehen.« Zu glauben, wir müssten nicht ins Detail gehen, wir könnten Komplexität ignorieren, ist vielleicht bequem, aber definitiv riskant, wenn nicht verantwortungslos. Für mich verblüffend ist, wie der notwendige Detailgrad je nach Thema und Land variiert.

Als Staatssekretärin im Bundesverteidigungsministerium war ich 2015 zu einem Besuch in Washington, der einem politischen Austausch in schweren Zeiten dienen sollte. Die Ukraine-Krise war in vollem Gange, der Irak-Konflikt kochte weiterhin und es hatten sich zahlreiche Terroranschläge ereignet. Nach einem Treffen mit Robert Work, dem damaligen stellvertretenden Verteidigungsminister der USA – quasi mein Counterpart, mit dem »kleinen« Unterschied, dass sein Etat mehr als zehnmal so groß war wie meiner –, war ich noch zu einem Gespräch in einem Washingtoner Thinktank geladen.

Luftverteidigungsstrategie, das unbekannte Wesen

Es ging in dem Gespräch unter anderem auch um die Luftverteidigungsstrategie der Bundeswehr. Das war nicht ungewöhnlich; Fragen zur militärischen Aufstellung und Ausrüstung werden in amerikanischen Denkfabriken schon seit jeher erörtert. Meine Gesprächspartner wollten sich ein Bild machen, denn es ging um Sicherheit und Stabilität in der Welt – und was die Bündnispartner dazu beitrugen. Ungewöhnlich für mich war, wie außerordentlich gut die Mitarbeiter:innen des Thinktanks informiert waren, wie detailliert ihre Fragen ausfielen. Das Gespräch dauerte nur eine Stunde, aber sie brachten mich ins Schwitzen, so präzise waren ihre Fragen, so detailliert ihr Wissen. Sie wussten alles über die Reichweiten der Flugabwehr, über Kosten, die Ausstattung und viele andere Einzelheiten. Das hatte ich nicht erwartet.

Rückblickend betrachtet hätte ich damit aber rechnen sollen. Es ist die Aufgabe von Thinktankern, von Vordenker:innen, sehr genau Bescheid zu wissen, vor allem in einer sicherheitspolitischen Wendezeit. Der Konflikt zwischen Russland und der Ukraine, ausgelöst durch die russische Annexion der Krim-Halbinsel, hatte damals eine militärische Auseinandersetzung in Europa wahrscheinlicher gemacht, die Frage nach Luftverteidigung war also längst keine akademische, sondern eine sehr reale, angesichts einer sehr realen Bedrohung.

Das eigentlich Überraschende für mich war jedoch: Während es in Washington Expert:innen gibt, die über militärische Detailfragen sehr genau Bescheid wissen, ist es in Deutschland schwer, außerhalb der Bundeswehr und des Verteidigungsministeriums jemanden zu finden, der überhaupt weiß, dass es eine Luftverteidigungsstrategie der Bundesrepublik gibt, geschweige denn sie präzise erläutern und vor allem auch bewerten kann. Ein sicherheitspolitisch hochrelevantes Thema – und doch finden sich dazu nur wenige inhaltliche Artikel in Zeitungen oder auf Online-Medien. Und die wenigen Denkfabriken, die sich hierzulande der Außen- und Sicherheitspolitik verschrieben haben, widmen sich kaum Fragen zu Gerät und Ausrüstung, jedenfalls nicht im Detail und auch nicht im strategischen Militärkontext. Überhaupt scheint es in Deutschland außerhalb der Ministerien kaum jemanden zu geben, der mit jener Expertise ausgestattet ist, die es ermöglicht, eine präzise, unabhängige und weitblickende Einschätzung der sicherheitspolitischen Lage vorzunehmen.

Wo sind die Querwechsler?

Die wundervolle Sylke Tempel, außenpolitische Vordenkerin und Journalistin, war eine der ganz wenigen Menschen eines solchen Formats. Eine Expertin, die auf Podien sprechen konnte, die man fragen konnte, die auch in TV-Talkshows eingeladen wurde, weil sie über Detail- und Kontextwissen verfügte und dieses auch zu vermitteln in der Lage war. Leider ist sie im Herbst 2017 verstorben, zu früh, viel zu früh, und seitdem ist dieser Platz sehr oft leer. Wenn es um Außenpolitik geht, sitzen in den Talkshows in der Regel Außenpolitiker wie Norbert Röttgen oder Alexander Graf Lambsdorff. Sie und andere differenzierte Stimmen sind wichtig und liegen mit ihren Einschätzungen oft richtig, aber insgesamt leidet der Berliner Diskurs – gerade im Vergleich zu London, Paris oder Washington – an strategischer Tiefe. Wolfgang Ischinger, Deutschlands ehemaligem Botschafter in den USA und Großbritannien, ist es als Vorsitzendem der Münchner Sicherheitskonferenz (MSC) gelungen, die jährliche Veranstaltung im Bayerischen Hof zu der wohl wichtigsten Plattform für geopolitische Fragen und Entscheider auszubauen. Er empfiehlt Unternehmen schon lange, sich intensiv mit außen- und sicherheitspolitischen Fragen zu beschäftigen – und Europa, endlich handlungsfähig zu werden.

Am stärksten fällt mir nach inzwischen bald zehn Jahren intensiver Beschäftigung mit internationaler Sicherheitspolitik auf, dass gerade der Austausch fehlt. Und zwar nicht nur der verbale, sondern auch der praktische Austausch – zwischen Politik und Wirtschaft, Politik und Beratung, Kapitalmarkt und Denkfabrik oder Politik und Technologen. Austausch bedeutet, dass auch einmal (besser: mehrmals) die Sessel, die Blickwinkel, die Verantwortlichkeiten getauscht werden, um verschiedene Seiten eines Problems kennenzulernen. Daraus ergeben sich neue Sichtweisen, neue Einblicke – an denen man dann andere teilhaben lassen kann, damit auch diese profitieren. Doch dieser regelmäßige Seitenwechsel, dieses Querwechseln, wie wir es gerne nennen, ist in Deutschland noch unterentwickelt. Mal in die Politik, mal in die Wirtschaft: Nein, das macht man bei uns nicht. Man entscheidet sich für einen Weg, und der wird nicht verlassen. Und wenn doch, dann nur ein einziges Mal, ein Zurück ist selten. Zudem erweist sich das inflexible Beamtenrecht als eine der Haupthürden für mehr Durchlässigkeit zwischen Politik und öffentlichem Leben.

Das ist bedauerlich, verschließen wir uns doch damit selbst anderen Sichtweisen, einem Perspektivwechsel, einem Gewinn an Diversität. Die Thinktanks in den USA funktionieren auch deshalb so gut, weil dort die Bewegung, das Hin und Her, das Querwechseln sozusagen institutionalisiert ist. Wer aus der Politik ausscheidet, geht in eine Denkfabrik, in die Wirtschaft oder in die Beratung. Und wenn es später einen Regierungswechsel gibt, ist es nicht ungewöhnlich, erneut ein politisches Amt zu übernehmen. Aus meiner Sicht – und ja, aus meiner eigenen Erfahrung – ist Querwechseln ein hochgradig belebendes Element. Uns hingegen fehlt diese Durchlässigkeit, dieser frische Wind, vielleicht fehlt es auch am Willen. Hier scheinen die einen an Ämtern und Sitzen zu kleben und die anderen etwas überheblich über die Entscheidungswege in der Politik die Nase zu rümpfen, anstatt sie besser – und zwar möglichst von innen – kennenzulernen.

Fehlende Durchlässigkeit

Wenn in Deutschland ein Wechsel von der Wirtschaft in die Politik stattfindet, dann meist am Ende der jeweiligen Laufbahn, nämlich dann, wenn man ins Rentenalter kommt, eine Reihe von Vorstandsposten in Unternehmen und Konzernen innehatte und sich sozusagen als Krönung der Laufbahn auf die Liste einer Partei setzen lässt oder einen Beauftragten-Titel bekommt. Umgekehrt findet ein Wechsel von der Politik in die Wirtschaft meist statt, wenn einem nach Jahrzehnten der politischen Kärrnerarbeit der Aufstieg in die höchsten Ämter dann doch verwehrt bleibt, man deshalb aus der Politik ausscheidet und sich schließlich auf einen Vorstands- oder gut bezahlten Beraterposten setzen lässt. Erfolgreich sind dabei die wenigsten.

Anders sähe es aus, wenn es einen ständigen Austausch und somit mehr Durchlässigkeit zwischen beiden Welten gebe, Stichwort: Horizonterweiterung. Denn wir lösen die großen Fragen nicht, indem wir unseren Blick ängstlich verengt halten, sondern indem wir unterschiedlichste Perspektiven, Erfahrungen und Argumente mit Offenheit, Neugier und Respekt integrieren. Das ist die Grundlage von Diversität. Und längst ist klar: Diverse Teams liefern bessere Ergebnisse.

Deshalb ist mir dieses Buch so wichtig. Für mich ist es neben allen inhaltlichen Aussagen ein Appell, sich nicht in einer einzigen Disziplin häuslich einzurichten und einen einmal eingeschlagenen Weg nicht als den alleinigen zu betrachten. Nichts schärft die Urteilsfähigkeit mehr, als sich ein möglichst breites Bild zu machen, möglichst viel Wissen aufzunehmen, auch und gerade aus Bereichen, die einem sperrig und unzugänglich erscheinen. Urteilsfähigkeit wird einem nicht an der Uni mit dem Abschluss verliehen, sie erwächst auch nicht aus intensivem Twitter- und YouTube-Studium. Urteilsfähigkeit erarbeitet man sich vielmehr durch Erfahrungen, durch Perspektivwechsel, durch Querwechseln, durch die Kärrnerarbeit des Verstehens von komplexen Zusammenhängen.

Dieses gemeinsame Buch mit Jan Kallmorgen ist für mich in gewisser Weise eine schriftgewordene Aufforderung, querzuwechseln – oder doch zumindest auch einmal gegen den Strich zu denken. Denn weder lassen sich heute unternehmerische Entscheidungen ohne politisches Wissen treffen, noch kann Politik gemacht werden, ohne deren ökonomische Folgen zu berücksichtigen.

Geopolitik muss eine größere Rolle spielen – Jan Kallmorgen

Mich haben schon immer lange geschichtliche Linien und die größeren politischen Zusammenhänge fasziniert – Zusammenhänge zwischen gesellschaftlichen sowie kulturellen Strömungen und ökonomischer Stärke, zwischen Demografie, Wirtschaftsdynamik und militärischer Macht. Der Gegensatz zwischen den Ideen von Kant und der Aufklärung und den Ideologien der Unfreiheit. Weshalb gibt es immer noch Diktatoren? Warum haben sich die Werte des Westens – Freiheit, Eigenverantwortung, Schutz der Schwächeren oder das

Rechtsstaatlichkeitsprinzip – nicht längst weltweit durchsetzen können? Dass die unsichtbare Hand des Markts nicht immer funktioniert und die Demokratie oft zu viele Kompromisse machen muss, ist ja unbestritten. Aber welche Systeme haben mehr Frieden und Wohlstand hervorgebracht?

Katrin Suder und ich lernten uns 2004 beim Young-Leaders-Programm der Atlantik-Brücke kennen. Wir befanden uns auf Schloss Neuhardenberg in Brandenburg nahe der deutsch-polnischen Grenze. Ich war gerade nach zweijähriger Ausbildung an der Georgetown School of Foreign Service und begleitenden Tätigkeiten bei AT Kearney und der Weltbank in Washington sowie drei Jahren bei Goldman Sachs in New York, London und Frankfurt nach Berlin zurückgekehrt, wo ich mich außenpolitischen Themen widmen wollte. Dafür bot das Programm einen idealen Einstieg. Je 20 Amerikaner und Deutsche werden zu einer einwöchigen Konferenz mit hochkarätigen Referenten zusammengebracht, wobei viel Wert auf einen intensiven Austausch und den Aufbau von Netzwerken zwischen den Teilnehmern gelegt wird. Im Mittelpunkt standen Fragen der transatlantischen Beziehungen und der Rolle Deutschlands in der Welt. Auf diese Themen fühlte ich mich durch mein Studium an der School of Foreign Service im alten Herzen Washingtons, wo seit 1919 unter anderem Amerikas Diplomaten ausgebildet werden, gut vorbereitet. Dort ging es vom ersten Tag an zur Sache:»Sie fertigen bis morgen Mittag ein Memorandum für den Nationalen Sicherheitsberater über die Optionen der USA im Umgang mit Nordkorea angesichts dessen Plänen für eine atomare Bewaffnung an. Struktur: Lage, Optionen, Empfehlungen. Länge: maximal eine Seite. Wer mehr schreibt, erhält ein F (failed).« Diese Ansage kam im August 1998 von Bill Clintons ehemaligen Chefunterhändler für Nordkorea, Robert Gallucci, der inzwischen Dekan der School of Foreign Service war und uns Studienanfänger:innen von Anfang an klarmachen wollte: »Bei uns geht's um Weltpolitik. Und hier unterrichten euch Leute, die Weltpolitik machen.« Das war prägend. Ebenso prägend war das intensive, interdisziplinäre Lernprogramm aus internationaler Sicherheits-, Wirtschafts- und Entwicklungspolitik. Das gab es in dieser Form in Deutschland nicht.

Geopolitik findet in Deutschland nur am Rande statt

In Neuhardenberg wurde Katrin und mir exemplarisch klar, dass die außenpolitische Debatte in Deutschland ganz anders gelagert war als in den USA: Geopolitik wurde in Berlin auch 14 Jahre nach dem Fall der Mauer noch immer kleingeschrieben. Der Kontrast zu Washington konnte jedenfalls nicht größer sein. Dies gilt sicher nicht für die außenpolitische und diplomatische Elite unseres Landes, die »Community«. Doch diese war und ist nach wie vor relativ klein. Das Gleiche galt 2004 für die staatlichen Budgets für Außen- oder Verteidigungspolitik. Auffällig fand ich vor allem, wie wenig in außenpolitische Kommunikation und Überzeugungsarbeit investiert wurde. Zwar fährt die Bundesregierung jedes Jahr mit Millionenbudgets Öffentlichkeitskampagnen mit Themen, die von der Stärkung des öffentlichen Nahverkehrs über die Förderung von energiesparenden Glühbirnen bis hin zu gesundheitlicher Aufklärung reichen. Hingegen kenne ich keine auf die breitere Öffentlichkeit zielende Kampagne, die Deutschlands und Europas globale Rolle bewirbt oder die sich damit beschäftigt, welche Risiken international unseren Wohlstand gefährden und welche Maßnahmen wir als Land dagegen ergreifen sollten.

Natürlich gibt es in allen Ministerien Kommunikationsabteilungen, und die Münchner Sicherheitskonferenz ist seit Jahren ein Flaggschiff für den strategischen Dialog zwischen den wichtigsten globalen Akteuren. Aber all dies erreicht kaum die breite Öffentlichkeit. Das ist problematisch: Denn wenn nur eine Elite über die sich massiv verschiebenden globalen Dynamiken und deren Konsequenzen spricht, wird es kaum möglich sein, eine breite Unterstützung für ein stärkeres außenpolitisches, sicherheitspolitisches oder entwicklungspolitisches Mandat für die Bundesregierung herbeizuführen. In Wahlkämpfen (wie zuletzt im Bundestagswahlkampf 2021) spielt das Thema Europa oder Weltpolitik allenfalls eine stark untergeordnete Rolle. Entsprechend gibt es nur wenige profilierte Abgeordnete, die sich profund zu diesen Themen äußern.

Mit einigen Mitstreiter:innen habe ich ab 2004 versucht, einen eigenen kleinen Beitrag für eine stärkere außenpolitische Debattenkultur in Deutschland zu leisten. Denn dies war eines der Ziele des überparteilichen und unabhängigen Thinktanks »Atlantische Initiative« (AI), den wir ins Leben gerufen haben und der sich der Stärkung der transatlantischen Beziehungen mit neuen Mitteln verschrieben hat. Anlass für die Gründung war das Zerwürfnis zwischen Deutschland und den USA infolge des Irak-Kriegs und eine gewisse Sprachlosigkeit zwischen Europa und Amerika. Wir wollten vor allem die junge Generation für die internationale Politik begeistern und transatlantische Diskussionen zwischen Bürgern auf beiden Seiten des Atlantiks stärken. Die Initiative gab zehn Jahre lang eine monatliche Publikation namens *Global Must Reads* heraus, welche die wichtigsten internationalen Analysen und Studien auf Deutsch zusammenfasste. 2005 gründeten wir den ersten virtuellen Thinktank für Außenpolitik, die bis heute existierende Plattform www.Atlantic-Community.org. Die *FAZ* bezeichnete sie als »Facebook für Außenpolitik«, da es uns vor allem darum ging, internationale politische Debatten und Diskussionen online zu führen. Diese gemeinnützige Arbeit hat mir immer besondere Freude bereitet, vor allem weil zu unserem Team stets viele junge, sehr smarte Leute aus Europa und den USA gehörten, denen der »Westen« etwas bedeutete.

Eine weitere Erkenntnis, die Katrin und ich 2004 teilten, lautete, dass in Deutschland sehr viel weniger der exportorientierten und global aufgestellten Unternehmen sicherheitspolitische oder geopolitische Risiken strukturiert analysierten, antizipierten und managten, als dies in den USA oder Großbritannien der Fall ist. Das haben Katrin und ich bei unseren Tätigkeiten in der Unternehmensberatung und im Banking aus der Nähe beobachten können. Wir hielten das beide für einen Fehler, der mittel- und langfristig zu einem Wettbewerbsnachteil der deutschen Industrie gegenüber ausländischen Unternehmen etwa in den USA, Großbritannien oder auch Frankreich führen würde, die entsprechende Ressourcen viel stärker einsetzen und nutzen.

Geopolitik – kaum ein Thema für Unternehmen

Schon während meiner Tätigkeit bei der Deutschen Gesellschaft für Auswärtige Politik ab 2005 haben wir als Thinktank immer wieder mit Unternehmen und Verbänden über die Notwendigkeit struktureller geopolitischer Analysen und Beratung gesprochen. Doch bei den meisten deutschen Unternehmen stieß dieses Ansinnen auf nur lauwarmes Interesse. Man sponserte das eine oder andere internationale Projekt, nahm auch einmal an einer Konferenz teil, aber ansonsten konzentrierten sich die meisten Wirtschaftslenker auf Zahlen, die Profitmarge, die nächste Akquisition und eine möglichst gute Presse. Das ist alles nachvollziehbar, ein Konzern ist schließlich kein Außenministerium. Aber das geringe Interesse an globalen Fragen, die nicht unmittelbar das Geschäft berührten, jedoch gravierende Auswirkungen haben konnten, war vor allem bei weltweit tätigen, großen Mittelständlern bemerkenswert.

Wie ernst Geopolitik, genauer: ein Verständnis des Zusammenspiels von Außenpolitik, internationaler Wirtschaftspolitik und globaler Geldpolitik anderswo genommen wurde, zeigte sich in der Finanz- und Eurokrise: Dutzende von Investmenthäusern und Hedgefonds aus London oder New York zahlten gute Honorare für politische Risikoanalysen um die Kernfrage: Schafft es Deutschland, den Euro zu retten, ohne dabei die Maastricht-Kriterien und die Prinzipien von Haftung und Verantwortung außer Kraft zu setzen? Die großen Themen waren Schuldenexplosion, Bankenkollaps, Bailouts, Sprengung von Defizitgrenzen und die richtige Reaktion darauf in den EU-Hauptstädten, bei der EZB und dem Internationalen Währungsfonds. Was tun mit Irland, Griechenland, Portugal, Italien? Schuldenschnitte? Neue Stabilitätspakte? Ausschluss aus dem Euroraum? Verhandelt wurde tage- und nächtelang in Berlin und Paris, in Brüssel, mit Rom, mit Athen. Und auch in Karlsruhe, denn vor dem Bundesverfassungsgericht waren Klagen gegen die Bundesregierung wegen eines vermeintlichen Bruchs der EU-Verträge anhängig.

In dieser Gemengelage waren nicht nur volkswirtschaftliche und rechtliche Kenntnisse gefragt, fast noch wichtiger war das Verständnis von politisch-historischen Zusammenhängen und wieder aufkommender, emotional geprägter nationaler Vorurteile in der EU. Da gab es etwa das Narrativ von den »faulen Südeuropäern«, die auf Kosten der deutschen Steuerzahler leben wollten, aber ebenso verbale Attacken gerade gegenüber Deutschland, gegen Bundeskanzlerin Angela Merkel und die ehemaligen Bundesfinanzminister Peer Steinbrück und Wolfgang Schäuble. Hier ging es tatsächlich um eine Mischung aus Außen-, Wirtschafts-, Geld- und Finanzpolitik und Europa-Diplomatie. Die Märkte wurden mehr und mehr von der Politik bestimmt.

Auffällig war auch hier wieder der Kontrast zwischen der aufwendigen und akribischen Analyse der Finanzinvestoren, wenn es um geopolitische Fragen ging, und der relativ passiven Haltung, die wir damals in der Industrie ausmachten. Natürlich hatten und haben die großen DAX-Player große und sehr gute In-house-Teams zur Bewertung von globalen politischen und volkswirtschaftlichen Fragen. Aber im hochgradig exportgetriebenen Mittelstand mit Milliardenumsätzen im Ausland gab und gibt es für die systematische Analyse von geopolitischen Faktoren und deren Auswirkungen auf Geschäftsmodelle oft keine oder nur wenige Ressourcen. Für das Gros dieser Unternehmen hierzulande war Geopolitik eben lange »etwas für die Thinktanks, da können Sie ihre Thesen diskutieren«, wie uns ein namhafter deutscher Unternehmer noch 2018 sagte. Über die Jahre haben Katrin und ich immer wieder Vorständen Briefings mit komplexen Szenarien gegeben, die mit viel Nicken aufgenommen werden, aber oftmals ohne dass daraus Konsequenzen im unternehmerischen Handeln gezogen würden. Dann kamen die Einschläge allerdings immer näher: 2014 Annexion der Krim und Besetzung der Ost-Ukraine durch Russland. 2015 Flüchtlingskrise und nochmals Eurokrise mit Griechenland im Mittelpunkt. 2016 erst der Brexit, dann die Wahl von Donald Trump zum US-Präsidenten. Und ab 2017 ein immer selbstbewusster auftretendes China. Schließlich Trumps Handelskriege und eine radikale Verschlechterung der transatlantischen Beziehungen und des Verhältnisses der USA zu China. Außerdem Autokraten oder Semi-Demokraten an der Macht in Russland, der Türkei, Brasilien und den Philippinen. Ungarn und Polen verstießen gegen EU-Rechtsstaatsprinzipien. Dazu der Klimawandel, Cyber-Kriege und schließlich COVID. Mit diesen Entwicklungen stieg das Bedürfnis nach einem genaueren Verständnis globaler Zusammenhänge. Denn es wurde ungemütlich. Und Zeit für dieses Buch.

Kapitel 4

DER USA-CHINA-KONFLIKT UND SEINE AUSWIRKUNGEN AUF MÄRKTE

Die Verschwörung hatte im März 2001 in einem Hotelzimmer in Hongkong begonnen. Auf einem Videoband sind die Einzelheiten deutlich zu sehen: wie ein Mann Geld entgegennimmt, 50 000 US-Dollar in bar, und vor allem, wie der ungefähr 50 Jahre alte Mann wiederum Dokumente übergibt, Top-Secret-Unterlagen, geheime CIA-Dokumente – und von diesem Tag an in den Händen des chinesischen Geheimdiensts. Der Name des Mannes ist Alexander Yuk Ching Ma, ein US-Amerikaner mit chinesischen Wurzeln, der von 1982 an für die CIA gearbeitet hatte und seit seinem dortigen Ausscheiden als Übersetzer für das FBI tätig war. Diesen Job und seine Sicherheitsfreigabe nutzte Alexander Yuk Ching Ma, um geheime Dokumente über Lenkraketen, Waffensysteme und anderes zu kopieren oder zu fotografieren – und an den chinesischen Geheimdienst zu übergeben.

Sechs Jahre lang soll Ma Dokumente kopiert oder gestohlen und auf seinen zahlreichen Reisen nach China mitgenommen haben. Von diesen Reisen kehrte er mit Tausenden von Dollar in bar und Geschenken zurück, darunter neue Golfschläger. Im Herbst 2020 wurde Alexander Yuk Ching Ma schließlich verhaftet – und war kurzzeitig eine zentrale Figur im Handelskrieg des damaligen US-Präsidenten Donald Trump mit China. Denn mit diesem Spionagefall konnte die antichinesische Stimmung in den USA weiter geschürt werden. Die Story, die unter anderem der Nachrichtensender CNN aufgriff, passte einfach perfekt, die Sicherheitsberater des Präsidenten machten dementsprechend weiter Stimmung:»Die Spur der chinesischen Spionage ist lang und leider übersät mit ehemaligen amerikanischen Geheimdienstoffizieren, die ihre Kollegen, ihr Land und seine liberalen demokratischen Werte verraten haben, um ein autoritäres kommunistisches Regime zu unterstützen.«

Die Story passte auch deshalb so gut, weil sie die Entkopplung, das sogenannte Decoupling, zwischen den USA und China, sozusagen perfekt untermalte. Denn das Amerika unter Trump hatte entschieden, sich immer mehr von der Weltwirtschaft zu lösen, sich abzuschotten, Handelsschranken hochzuziehen – und die Entflechtung beider Volkswirtschaften, eben das Decoupling, weiter voranzutreiben.

»Eine echte Bedrohung der Demokratie«

Ein Beispiel, das weniger nach Spionage-Thriller klingt, aber lange im Zentrum des USA-China-Konflikts stand – und dessen Folgen mit voller Wucht auch in Deutschland zu spüren sind –, ist Huawei. Das Unternehmen gilt vielen Kritikern in den USA als Spitzelfirma, kontrolliert von der Pekinger Führung, als Datenkrake und als Waffe Chinas im Kampf um die globale Vorherrschaft. Keith Krach, Wirtschaftsberater des ehemaligen US-Präsidenten Donald Trump, warnte zu dessen Amtszeiten in einem Gespräch mit dem Medienunternehmen»The Pioneer« des Journalisten Gabor Steingart sehr eindringlich vor dem langen Arm der kommunistischen Führung in Peking:»Was wir erleben, ist eine echte und nachdrückliche Bedrohung der Demokratien weltweit durch einen Big-Brother-Überwachungsstaat, und Huawei ist dessen Rückgrat.«

An die Adresse Deutschlands gerichtet, sagte Krach 2020 im »Morning Briefing« von Gabor Steingart: »Vertrauen Sie keinem Unternehmen, das aus einem Land kommt, in dem ein Gesetz von jedem einheimischen Unternehmen verlangt, geistiges Eigentum und private Daten auf Anfrage der Kommunistischen Partei Chinas oder der Volksbefreiungsarmee zu übergeben.« Doch nicht nur Republikaner, auch die Demokraten und Präsident Joe Biden fahren einen deutlichen, nur etwas höflicher formulierten Kurs gegen Peking im Allgemeinen und gegen chinesische Kommunikationsanbieter im Besonderen. John B. Emerson, unter Ex-Präsident Barack Obama US-Botschafter in Deutschland, sagte ebenfalls gegenüber »The Pioneer«: »Ich kenne die Deutschen: Sie sind sehr um ihre Privatsphäre besorgt. Und da kann ich nur sagen: Passen Sie auf, wenn Sie Huawei ins Internet und damit in Ihr Haus lassen.« Aus Sicht von Emerson wäre es »ein Fehler, wenn Deutschland in Bezug auf China seinen eigenen Weg gehen würde und sich nicht den Vereinigten Staaten anschließt«.

Die amerikanische Seite hat in dieser Frage immensen Druck aufgebaut. Doch die Vorwürfe aus Amerika sind nicht unbegründet: Die Kommunistische Partei hat den Primat ihrer Politik gegenüber Wirtschaftsakteuren in jüngster Zeit dadurch unterstrichen, dass die Parteizellen in Betrieben aufgewertet wurden. Gegenüber den großen Kommunikationsunternehmen verschärft die Partei derzeit ihre Kontrolle über Technologie und Inhalte nochmals.

Dem Druck der US-Amerikaner hat man schließlich in Deutschland nachgegeben. Im April 2021 verabschiedete der Bundestag das IT-Sicherheitsgesetz. Dieses soll regeln, welcher Telekommunikationsausrüster sogenannte kritische Komponenten für Deutschlands 5G-Mobilfunknetze beisteuern darf. Wer nicht vertrauenswürdig erscheint, ist nun schnell aus dem Rennen. Vertrauenswürdig soll aber eben nicht nur die Technik sein, sondern auch der politische Hintergrund des Anbieters. Für Experten war schnell klar, dass damit die Nutzung von Huawei-Komponenten erschwert werden sollte, es war auch von einer »Lex Huawei« die Rede.

Auf der anderen Seite will man im Hinblick auf die deutsche Automobil- und Maschinenbauindustrie einen wichtigen Partner wie China nicht verärgern. Zunehmend spüren auch deutsche Unternehmen, dass politisch missliebige Positionierungen von Peking sofort mit Wirtschafts- und Handelssanktionen bestraft werden, wobei diese Maßnahmen oft als Reaktion auf angeblich spontane Straßenproteste maskiert werden. Fraglich ist allerdings, ob spontane Straßenproteste in einem totalitär regierten Land wie China überhaupt geduldet würden. Nicht zuletzt hat die Deutsche Telekom nach eigenen Angaben bereits in Deutschland Gebiete, in denen 40 Millionen Menschen leben, mit 5G versorgt, und davon dürften nach Schätzungen mindestens 60 Prozent mit Huaweis 5G-Technologie ausgestattet sein.

Was China für das Jahr 2025 plant

»Der Aufstieg Chinas ist der entscheidende machtpolitische Konflikt auf der internationalen Bühne des frühen 21. Jahrhunderts. Dieser Konflikt wird nicht zwangsläufig militärisch, sondern auf den neuen Feldern globaler Positionierung ausgetragen: Imagewettbewerb, wirtschaftliche Konkurrenz, Rivalität um Ressourcen und technologischer Wettlauf bestimmen die Machtpolitik der Gegenwart.« So hat Eberhard Sandschneider, einer der profundesten China-Experten Deutschland, die Ausgangslage beschrieben – und das bereits im Jahr 2007.

Heute, im Jahr 2022, werden Schlagworte wie »Systemrivalität« oder »Entkoppelung« standardmäßig benutzt, um die Beziehungen zwischen den beiden wichtigsten Mächten der Welt zu beschreiben. In seinem neuesten Buch wirft einer der anerkanntesten deutschen Außenpolitiker, Alexander Graf Lambsdorff, denn auch die Frage auf, wie sich Deutschland im »Kalten Krieg« des 21. Jahrhunderts positionieren solle. Und auch Ex-Bundeskanzlerin Angela Merkel, die sich im vergangenen Jahrzehnt am stärksten um eine strategische Partnerschaft mit China bemüht hat, verwies gegen Ende ihrer Amtszeit im September 2021 auf die »fundamental unterschiedlichen Gesellschaftssysteme« der Volksrepublik und der EU. In einer Rede vor dem Bundestag warf sie China eine »schlechte und grausame« Behandlung von Minderheiten vor, womit sie in jedem Fall einen neuen Tonfall anschlug. Der Unterschied zwischen der EU und China liege darin, dass »wir uns für Meinungsfreiheit und Menschenrechte einsetzen«.

Der Wiederaufstieg Chinas zu einer der führenden Wirtschafts- und Militärmächte begann Ende der 1970er-Jahre unter Deng Xiaoping und führte über den WTO-Beitritt im Jahr 2001 bis zur Verkündung des jüngsten Fünf-Jahres-Planes der Kommunistischen Partei Chinas im Jahr 2020. Die bedeutendste Wegmarke Chinas in jüngster Vergangenheit war jedoch die Verkündung der »China-2025-Strategie« im Jahr 2015. Xi Jinping, der mächtigste chinesische Führer seit Mao, macht darin deutlich, in welchen Industriesektoren China global führend werden will, welche militärischen Ambitionen sein Land hat und dass China wieder seinen Platz als führende Nation in der Welt beansprucht. Bis 2025 will die chinesische Regierung sicherstellen, wesentlich höhere Qualität zu produzieren. »Made in China 2025« soll nicht mehr für billige und qualitativ minderwertige Produkte stehen, sondern China will Technologie- und Marktführer in zehn Industriezweigen werden: IT, Fahrzeugtechnik mit neuer Energie, Automatisierung und Robotik, Energieversorgung, Luftfahrt, landwirtschaftliche Ausrüstung, maritime Ausrüstung, Biopharma, moderner Schienenverkehr und neue Materialien. So soll das Land zur industriellen Supermacht werden. China verspricht sich davon vor allem drei gewichtige Vorteile:

- Das Land will, gestützt auf den größten Binnenmarkt der Welt, den Skaleneffekt nutzen, um Weltmärkte zu dominieren.
- Aufgrund dieser global dominierenden Position will China verstärkt selbst Normen und Standards setzen und so der heimischen Industrie einen Wettbewerbsvorteil verschaffen.

- China setzt voll und ganz auf »cross fertilisation«, das heißt, Innovationen und technologisches Know-how aus verschiedenen Branchen sollen durch eine stark zentralisierte Technologiepolitik zusammengeführt und für neue technologische Lösungen nutzbar gemacht werden, insbesondere für Biotechnologie, IT, KI und Robotik.

Auch sollen bis 2025 chinesische Hersteller die Selbstversorgung von 70 Prozent aller Vorprodukte und Grundmaterialien sicherstellen, so das erklärte Ziel der politischen Führung in Peking. Fakt ist: China nimmt bei der Versorgung mit praktisch allen Rohmaterialien für saubere Energien eine starke bis beherrschende Stellung ein. Doch inzwischen ist die Volksrepublik vom Rohstofflieferanten selbst zum Konsumenten geworden. Präsident Xi spricht bereits von historischen Chancen einer neuen Phase der industriellen Transformation. Vergangenes Jahr stellte China mit dem Bau von Wind- und Solarenergieanlagen mit einer Gesamtleistung von 120 Gigawatt einen neuen Rekord auf, wobei es parallel immer noch die Kapazitäten seiner Kohlekraftwerke steigert. China selbst hat sich vorgenommen, die Energieeffizienz zu steigern und den Ressourceneinsatz zu senken. Bis 2025 will es seine CO_2-Emissionen um bis zu 40 Prozent reduzieren und somit den Standards einer fortgeschrittenen westlichen Industrienation entsprechen.

Um diese Ziele zu erreichen und um die China-2025-Strategie umzusetzen, sollen folgende Maßnahmen ergriffen werden:

- *Subventionen:* Bis 2025 sollen im ganzen Land 40 neue Forschungs- und Entwicklungszentren aufgebaut werden, finanziert mit staatlichen Fördermitteln und kontrolliert von Provinzregierungen. Spezifische Industriebranchen werden mit niedrigen Zinsen, Steuererleichterungen und anderen Subventionen unterstützt. Auch wird eine Reihe neuer Förderprogramme für die heimische Chipindustrie aufgelegt. So müssen bestimmte Unternehmen aus dieser Branche zehn Jahre lang keine Steuern zahlen.

– *Auslandsinvestitionen und Akquisitionen:* Chinesische Firmen sollen in ausländische Firmen investieren. Dieser Teil der systematischen Politik Chinas ist vielleicht der folgenschwerste. Chinesische Unternehmen bekommen auf diese Weise nicht nur Zugriff auf ein profitables Unternehmen, sondern sie erwerben auch deren Firmengeheimnisse. Und noch viel mehr: Sie gewinnen damit eine schwer abschätzbare Hebelwirkung. Die Übernahme von Kuka, einem deutschen Hersteller von Industrierobotern, war eine solche strategische Akquisition Chinas. Denn damit wurde China unweigerlich zugleich zum wichtigsten Industriepartner der deutschen Automobilindustrie. Kuka stellt Robotik- und Automatisierungsanlagen für den Autobau her. Der Kuka-Kauf war demnach eine klassische Entscheidung, die weit über rein betriebswirtschaftliche Kalkulationen hinausgeht. Solche Firmenakquisitionen werden größtenteils vom chinesischen Staat gefördert und finanziert, weil die chinesische Regierung ihre strategische Bedeutung klar erkannt hat.

– *Investitionen in chinesische Staatsunternehmen:* Chinesische Staatsunternehmen und Telekommunikationsanbieter wie Huawei und ZTE erwirtschaften rund ein Drittel des chinesischen Bruttoinlandsprodukts. Daher soll in diese Firmen weiter investiert werden – zum einen, um die Technologieführerschaft in diesem Sektor weiter auszubauen, zum anderen, weil sie wichtiger Bestandteil der digitalen Seidenstraße sind.

– *Technologietransfer ausländischer Unternehmen:* Wie bisher sollen ausländische Firmen, die in China investieren wollen, dabei Joint Ventures mit chinesischen Firmen eingehen und ihr geistiges Eigentum und technologisches Know-how teilen. Dabei herrscht eine starke, von der deutschen Industrie seit Jahren beklagte Asymmetrie: Während chinesische Unternehmen massive staatliche Unterstützung erhalten und im Ausland frei agieren können, schließt beispielsweise der chinesische Markt für Informationstechnologien ausländische Unternehmen weitgehend aus.

Der Fünf-Jahres-Plan der chinesischen Regierung enthält ein wichtiges Konzept: den sogenannten doppelten Wirtschaftskreislauf (»dual circulation«). Demnach besteht die Wirtschaft aus einem inneren Kreislauf (Binnenwirtschaft) und einem äußeren (Außenwirtschaft). Ziel ist es, die wirtschaftliche Widerstandsfähigkeit Chinas zu erhöhen (»interner Wirtschaftskreislauf«) und sich auf das Wachstum des chinesischen Binnenmarkts zu konzentrieren, indem unter anderem der Binnenkonsum angekurbelt wird. Gleichzeitig soll der »externe Wirtschaftskreislauf« unterstützt, also Chinas exportorientiertes Wirtschaftsmodell beibehalten werden.

Die Strategie dahinter: Chinas Unabhängigkeit vom Ausland zu stärken und dadurch das Risiko wachsender Handelsbeschränkungen und künftiger Sanktionen – vor allem seitens der USA – abzufedern. Dabei sollen vor allem lokale Unternehmen aufgebaut werden, die international vorne mitspielen, der Binnenmarkt ausgebaut und die Zahl der Importe reduziert werden. Zugleich sollen chinesische Investitionen im Ausland weiter ausgebaut und Handelsbeziehungen mit anderen Ländern stabilisiert werden.

Die Wende steht bevor

Für deutsche Exportunternehmen bedeutet das voraussichtlich: Der direkte Absatzmarkt China wird schrumpfen und es ist an der Zeit, die Abhängigkeit zu reduzieren, nach alternativen Abnehmern zu suchen, neue Nischen zu entdecken oder das eigene Produktionsportfolio zu rekalibrieren. Damit könnte eine entscheidende Wende bevorstehen: In den vergangenen 30 Jahren haben sich deutsche Unternehmen in erster Linie mit dem »How to go to China« beschäftigt, haben Fertigungsstätten errichtet und Absatzmärkte aufgebaut. Sie vertrauten darauf, dass die Entwicklung im Reich der Mitte primär ökonomisch getrieben ist. Nun ist sie aber längst nicht mehr überwiegend ökonomisch, sondern vor allem politisch getrieben, und schreitet zudem in einem unglaublich hohen Tempo fort. Denn zur ökonomischen Stärkung der heimischen Produktion gesellt sich jetzt noch eine stärkere politische Gängelung von Unternehmen, deren Marktmacht ihnen eine zu starke Stellung gegenüber dem politischen Führungsanspruch der Partei verschaffen könnten. Xi Jinping lässt indes keinen Zweifel aufkommen, dass für ihn der unumschränkte Machterhalt der Partei Vorrang vor allen ökonomischen Aspekten genießt.

Das Ziel: Weltmärkte dominieren

Dabei sollte nicht vergessen werden: Der vermeintliche Rückzug auf sich selbst soll das Land weiter stärken. Wenn Lieferketten gekappt, Importe reduziert und der ausländische Einfluss minimiert werden, dient das der Absicht, die eigene Wirtschaft zu stärken, bislang eingekaufte Kompetenzen aufzubauen, die Technologieführerschaft weiter auszubauen – um dann die Weltmärkte noch stärker zu dominieren. Parallel dazu steigert China seinen Einfluss im Ausland langsam, aber stetig: Es unterstützt Staaten in Afrika, gewinnt dadurch politischen Einfluss und kontrolliert zunehmend wichtige Ressourcen vor allem auch in der Nahrungsmittelproduktion. Chinesische Staatsunternehmen kaufen sich in europäische Unternehmen ein, und nach wie vor importieren die USA deutlich mehr Güter aus China, als sie exportieren. Das Defizit der USA im globalen Warenhandel 2020 ist mit gut 670 Milliarden Dollar auf den höchsten Stand seit mehr als zwölf Jahren geklettert, wie die *Süddeutsche Zeitung* Anfang 2021 berichtete.

Spätestens 2049, zum 100. Jahrestag der Volksrepublik China, will China die führende Industrienation der Welt sein.

Neue Seidenstraße, neue Lieferketten, neue Abhängigkeiten

Das Megaprojekt Chinas schlechthin ist die »Neue Seidenstraße«. Das, was einst als Seidenstraße den Austausch von Gütern durch die Taklamakan-Wüste, über Damaskus und Istanbul nach Europa bezeichnete und ein Symbol für das Zusammenwachsen von westlicher und östlicher Welt war, ist heute ein kühl geplantes Konzept, das viele Länder in die Abhängigkeit von China führen soll. Ein bekannter Fall ist Sri Lanka, das, nachdem es chinesische Kredite nicht mehr bedienen konnte, den Tiefseehafen und das umliegende Land in Hambantota für 99 Jahre an ein chinesisches Staatsunternehmen verpachten musste, eben »One Belt, One Road«.

Mithilfe der »Belt Road Initiative« (BRI) sollen insgesamt rund 60 Prozent der Weltbevölkerung sowie 40 Prozent des Welthandels unter einen Schirm gebracht werden – und das unter der Führung Chinas. Mehr als 100 Länder haben Kooperationsverträge mit der Volksrepublik für den Bau von Bahnlinien, Straßen, Häfen und Flughäfen unterzeichnet. Rund eine Billion US-Dollar will die Regierung in Peking bis 2025 in dieses umfassende Programm stecken. Fast 730 Milliarden Dollar hatte sie bis 2019 bereits investiert oder fest eingeplant. Kritiker mutmaßten schon früh, dass die Neue Seidenstraße kein Projekt der Kooperation und der gleichberechtigten Zusammenarbeit sei, sondern ein Großvorhaben, das den wirtschaftlichen und geopolitischen Zielen Chinas diene. Und tatsächlich wird immer deutlicher: Das neue Netz aus einer Vielzahl an Land- und Seerouten soll vor allem die Vorherrschaft Chinas zementieren. Aus Sicht Pekings ergeben sich viele strategische Vorteile: Sollte etwa aus irgendeinem Grund die Schifffahrtspassage durch das Südchinesische Meer behindert werden oder China eine Blockade seiner Seehäfen zu befürchten haben, bieten fest etablierte Landkorridore nach Europa Ausweichmöglichkeiten. Auch deshalb ist China so stark an einer wirtschaftlichen Nutzung der sogenannten Nordostpassage interessiert, dem Seehandel mit Europa entlang der nordsibirischen Küste.

Als im vergangenen Sommer die Taliban die Macht in Afghanistan übernahmen, waren es als Erste die Chinesen, die nach dem Abzug der NATO-Truppen neue Chancen witterten. Afghanistan ist reich an Bodenschätzen, vermutet werden Rohstofflager im Wert von mehreren Billionen Dollar, unter anderem Lithium für die Batterien von E-Autos, aber auch Kupfer, Eisen und Gold. China hat schon früh Beziehungen zu den Taliban aufgenommen, sie offenbar auch finanziell unterstützt und wird, wie schon in vielen anderen Regionen, in die marode Infrastruktur investieren mit dem Ziel, langfristige Abhängigkeiten zu schaffen. Auch auf dem Balkan weitet China seinen Einfluss aus. Die chinesischen Investitionen in Serbien, immerhin EU-Beitrittskandidat, sind in den vergangenen zehn Jahren auf rund 11 Milliarden US-Dollar gestiegen. Damit hat sich China unter anderem in die serbische Kohleindustrie eingekauft, es verlagert Technologie und Arbeitskräfte nach Serbien. Im Gegenzug vertritt die serbische Regierung eine chinafreundliche Position und spielt öffentlich die Gesundheits- und Umweltrisiken des Kohlebergbaus herunter.

Die Seidenstraße – auch digital

Rohstoffe und Infrastruktur sind das eine. Längst ist die Seidenstraße aber auch im digitalen Bereich etabliert. China geht es nicht mehr nur um den Bau von Straßen, Häfen und Eisenbahntrassen, sondern immer mehr auch um die Etablierung einer Informations-Seidenstraße. Dazu gehören die Verlegung grenzüberschreitender Glasfaserkabel sowie Unterseekabelprojekte. Schon seit dem ersten »Belt and Road Forum« im Jahr 2017 ist klar, dass China auch Themen wie künstliche Intelligenz, Big Data oder Cloud-Computing in die neue Seidenstraße integrieren würde. Nicht ganz unwichtig dürfte sein, dass fünf der größten Staatsunternehmen Chinas mit 42 Prozent fast die Hälfte aller Infrastrukturprojekte durchführen, wie die GTAI (German Trade and Invest – Gesellschaft für Außenwirtschaft und Standortmarketing, Nachfolgerin der Bundesagentur für Außenwirtschaft) ermittelte. Es scheint, dass die chinesische Seite nicht unbedingt an Kooperationen mit Unternehmen in den immerhin mehr als 140 beteiligten Staaten interessiert ist. One Belt, One Road heißt also vor allem: One Straßenbauer, One Energieversorger, One Eisenbahnbauer, One IT-Unternehmen.

Von einigen afrikanischen Ländern wiederum wissen wir, dass China auch das chinesische Überwachungssystem einschließlich Hard- und Software mitgeliefert hat. Das dient dem Reich der Mitte nicht nur zur umfangreichen Gewinnung von Daten, sondern bietet die Möglichkeit, auch in Seidenstraßen-Anrainerstaaten das chinesische System zu implementieren.

Militärisch eine »neue Ära«

Sicherheits- und militärpolitisch entscheidend für das neue Selbstbewusstsein Chinas war der Herbst 2017. Auf dem 19. Parteitag der Kommunistischen Partei Chinas (KPCh) verkündete Chinas Präsident Xi Jinping den Beginn einer »neuen Ära« für sein Land. Das Land, so Xi, nähere sich »Tag für Tag der Mitte der Weltbühne« an. Was das heißt, lässt sich im Südchinesischen Meer beobachten, jenem Teilstück des Pazifischen Ozeans, das von den Philippinen und Indonesien gegen den Rest des Ozeans abgegrenzt wird. China hat seit zehn Jahren eine Reihe von Atollen und vegetationslosen Felsklippen befestigt und zu militärischen Stützpunkten ausgebaut. Nirgendwo wird der Geltungsanspruch Chinas deutlicher als in diesem Meeresgebiet, geostrategisch eine der bedeutendsten Schiffspassagen der Welt. Rund 80 Prozent der Öllieferungen nach Asien passieren das Südchinesische Meer, der Welthandel ist abhängig von dieser Strecke. Um die Region zu sichern, bauen die USA ihre Militärpräsenz regelmäßig aus, was für Verstimmungen sorgt. Als 2021 der Flugzeugträger »Theodor Roosevelt« anrückte, bewertete China das als Provokation. Die Kriegsgefahr ist virulent, jederzeit kann ein Konflikt ausbrechen, so die Befürchtung im Pentagon.

Neue Zweifel an den USA

Chinas Ziel in diesem Konflikt ist dabei offensichtlich: ein Gegengewicht zu den USA in der Region aufzubauen oder die USA ganz aus ihr herauszudrängen, was allerdings kaum gelingen dürfte. China versucht zudem, sowohl die Anrainerstaaten als auch wichtige Schifffahrtsrouten und Rohstoffe unter seine Kontrolle zu bringen. Die übrigen Staaten sehen sich einem wachsenden Druck ausgesetzt, sich für eine Seite, China oder die USA, zu entscheiden, zumal eine militärische Zuspitzung des Konflikts immer im Raum steht. Die Anrainer wiederum wissen, dass China auf ewig ihr geografischer Nachbar sein wird, wohingegen die Beistandszusagen der USA gerade nach ihrem überstürzten Abzug aus Afghanistan im August 2021 mit neuen Zweifeln behaftet sind.

Langfristig hat China auch im militärischen Kontext das Jahr 2049 im Visier: Bis dahin will die Volksrepublik ein Militär der Weltklasse haben. Dafür wird seit Jahren sehr viel Geld in die Modernisierung der Volksbefreiungsarmee investiert. Und die Fortschritte lesen sich beeindruckend: Mit 350 Kriegsschiffen (darunter zwei Flugzeugträger und 62 U-Boote, davon 16 mit Nuklearantrieb, wiederum acht bestückt mit Interkontinentalraketen, die aus dem getauchten U-Boot abgeschossen werden könnten) hat China jetzt die größte Marine der Welt. Mit rund 2000 Kampfflugzeugen steht China weltweit auf Platz drei der größten Luftstreitkräfte. Auch bei Raketen mit einer Reichweite bis 5500 km ist China deutlich vorgeprescht, zumal das Land keinem der großen Abrüstungsverträge beigetreten ist. China soll über rund 350 Atomsprengköpfe verfügen und scheint dieses Arsenal weiter aufzurüsten.

Auch in China wachsen Bäume nicht in den Himmel

Um das China-Bild jedoch zu vervollständigen, müssen auch einige grundlegende negative Veränderungen erwähnt werden: Ab 2030 wird es laut *Neuer Züricher Zeitung* eine rasante demografische Verschiebung von der arbeitenden Bevölkerung hin zur Rentnergeneration geben. China wies in den letzten zwei Jahrzehnten einen etwa gleichbleibenden Anteil von über 70 Prozent der Bevölkerung auf, die im arbeitsfähigen Alter waren. 18 Prozent der Chines:innen waren unter 14 Jahre alt, 12 Prozent über 65 Jahre alt. Diese Zahlen werden sich bis 2030 allerdings stark verändern: 65 Prozent sind in jenem Jahr arbeitsfähig, 16 Prozent unter 14 Jahre und 21 Prozent über 65 Jahre. Bis 2050 werden sich diese Gegensätze nochmals verschärfen: 56 Prozent zu 14 Prozent zu 30 Prozent lautet dann das Verhältnis. Mit anderen Worten: Auch China ist eine alternde Gesellschaft.

Während heute eine nicht arbeitende Chines:in auf zwei arbeitende entfällt, wird das Verhältnis in 30 Jahren 1:1 lauten. Das wird nicht ohne gravierende Folgen für den chinesischen Arbeitsmarkt, das Konsumverhalten, den Immobilienmarkt und die Staatsausgaben bleiben. Eine Rentnerin oder ein Rentner kauft selten ein Luxusauto. Und der derzeitige Immobilienboom lässt sich auch damit erklären, dass inflationssichere Rücklagen fürs Alter gebildet werden. Hinzu kommen die enormen Gegensätze zwischen den dicht bevölkerten, prosperierenden Küstenstrichen und den kaum entwickelten Provinzen im Landesinneren, die zudem noch überwiegend von nichtchinesischen Minderheiten bewohnt sind (Tibet, Xinjiang, Innere Mongolei). Nicht zuletzt hat China eine der ungleichsten Einkommensverteilungen der Welt: Arm und Reich liegen hier weiter auseinander als in der Wohlstandsspreizung zwischen Luxemburg und Mali. Insofern dürfte die drakonische Gleichschaltung, die Xi Jinping derzeit forciert, auch der Angst vor womöglich aufflammenden inneren Unruhen geschuldet sein.

Ein neuer Kalter (?) Krieg als geopolitisches Risiko

China verkündet also unverblümt, die Nummer eins werden zu wollen. Wie reagiert die etablierte Weltmacht USA auf diese Herausforderung? Bereits 2015 kündigte der damalige US-Präsident Obama den »Pivot to Asia« an – ein geostrategischer Schwenk, der die zunehmende Bedeutung Asiens für Amerikas Interessen dokumentierte. »Engage and balance« (zu Deutsch: Ansprechen und ausbalancieren) hieß die Strategie, die von Amerikas Bündnispartnern in der Region willkommen geheißen, von Chinas Staatsmedien aber scharf kritisiert wurde.

Auf der anderen Seite versuchte die Obama-Administration die Beziehungen mit China auf ein neues Niveau zu heben, indem sie bereits bestehende strategische Dialoge erweiterte. Obama und sein Amtskollege Hu erklärten in einem gemeinsamen Statement, die gegenseitigen Kerninteressen zu respektieren. Das wiederum nahmen viele Bündnispartner Amerikas als Großmachtpolitik wahr, von der sie sich ausgeschlossen fühlten.

Unter Donald Trump wurden diese – wie so viele – Befürchtungen reichlich befeuert: »Staaten müssen sich zwischen den USA, die für Freiheit stehen, und der Volksrepublik China, die für Autoritarismus steht, entscheiden«, sagte Michael Pompeo, US-amerikanischer Außenminister unter Trump, im Jahr 2020. Und der damalige Vizepräsident Mike Pence ergänzte: »Unsere Vorgängerregierungen aber haben Chinas Taten weitgehend ignoriert – und sie oft noch begünstigt. Doch diese Zeiten sind vorbei.« Mit anderen Worten: Wir gegen die.

Gefährliche Abhängigkeit von einem Rivalen

Damit kündigte die Trump-Administration 30 Jahre nach Ende des Kalten Kriegs den westlichen Konsens »Handel durch Wandel« auf. Dieser Konsens bestand in der Annahme, dass ein Mehr an liberalem internationalem Handel zu einer harmonischeren internationalen Politik, wenn nicht sogar zur politischen Liberalisierung autokratischer Staaten beitragen könnte. Doch während Trumps Amtszeit reifte in Washington immer mehr die Überzeugung heran, dass Handel eben nicht zu Wandel geführt hatte. Ganz im Gegenteil: China war wirtschaftlich stärker und politisch aggressiver geworden. Die internationalen Beziehungen waren nicht harmonischer, sondern dissonanter geworden. Und durch Pekings selbstbewusstes und strategisches Vorgehen sahen sich die USA nicht nur wirtschaftlich, sondern zunehmend auch politisch-militärisch herausgefordert. Trump reagierte mit einer nationalen Sicherheitsstrategie, die betonte, dass ökonomische Sicherheit untrennbarer Teil der nationalen Sicherheit sei. Gleichzeitig leitete das Weiße Haus unter Trump eine Analyse der Wertschöpfungskette für Amerikas militärische Ausrüstung ein, um potenzielle Anfälligkeiten, unter anderem durch Maßnahmen feindlicher Nationen, zu identifizieren. Das Hauptrisiko war schnell ausgemacht: China.

Handelsstreit verursacht Kosten – bei amerikanischen Firmen

Vor diesem Hintergrund verwunderte es nicht, dass Trump gleich zu Beginn seiner Amtszeit Anfang 2017 einen regelrechten Handelskrieg mit China vom Zaun brach. Als Grund wurde das immense Handelsdefizit der USA gegenüber China angegeben. So hatte 2017 der US-Warenexport nach China ein Volumen von 130,4 Milliarden US-Dollar, wohingegen Güter im Wert von 505,6 Milliarden US-Dollar aus China in die USA eingeführt wurden. Mit Strafzöllen auf Importe aus China, unter anderem auf Solarzellen, Stahl, Aluminium und Waschmaschinen, sollte das Defizit massiv gedrückt werden. Doch das Ziel, die Produktion vieler Waren mithilfe der Zölle in die USA zurückzuholen, erreichte Trump nicht. Im Gegenteil: Viele amerikanische Unternehmen sind auf chinesische Lieferanten angewiesen und müssen daher die Strafzölle leisten. Bis März 2021 beliefen sich diese Zusatzkosten laut *Süddeutscher Zeitung* auf rund 66 Milliarden US-Dollar. Und China? Es verhängte zwar ebenfalls Strafzölle auf amerikanische Produkte, verstärkte aber auch seine Bemühungen um mehr Unabhängigkeit vom Weltmarkt. Gleichzeitig baute Peking seinen Einfluss als führende Handelsnation weiter aus: Im Jahr 2021 trieben 128 von fast 200 Ländern weltweit mehr Handel mit China als mit den USA.

Rückblickend betrachtet war Trumps Außenpolitik, die sich auf Amerikas immense wirtschaftliche und militärische Macht stützte, ein oft rücksichtsloser Unilateralismus, der zu weltweiten Verwerfungen führte, ob beim Austritt aus dem Iran-Abkommen oder beim Handelskonflikt mit China. Im Kern war die amerikanische China-Politik am Ende der Amtszeit Trumps von einer klaren außenpolitischen Rivalität, ja von offenem Antagonismus geprägt, kombiniert mit einer bisweilen großmäuligen und kaltschnäuzigen Rhetorik, die an die Zeit des Kalten Krieges erinnerte – wobei China den USA hierin kaum nachstand.

Die Gefahr eines »heißen Krieges«

Einer der entscheidenden Faktoren, von denen abhängt, ob es zu einem heißen Krieg zwischen den USA und China kommen wird, ist wie bereits erwähnt der Status von Taiwan. »Gut möglich, dass Peking bald auskeilt«, warnte laut *FAZ*-Bericht vom 9.10.2021 der frühere australische Premierminister Tony Abbott und warf der chinesischen Regierung auf einer Sicherheitskonferenz in Taipeh »Kriegslust« vor. Kurz zuvor waren fast 150 chinesische Kampfflugzeuge in die taiwanische Luftverteidigungszone eingedrungen.

Taiwan gehört nach Pekinger Lesart zu China. Für die Volksrepublik hat eine Wiedervereinigung der Insel mit dem Festland höchste mittelfristige Priorität, schon aus Gründen des nationalen Stolzes, aber natürlich auch aufgrund wirtschaftlicher und geostrategischer Interessen: Taiwan ist der »unsinkbare Flugzeugträger« unmittelbar vor seiner Küste, es ist das Kernstück in der Inselkette, die Chinas Seewege einengt und potenziell kontrollieren kann. Und noch entscheidender: In Taiwan ist die Taiwan Semiconductor Manufacturing Company (TSMC) ansässig, der größte Halbleiterhersteller weltweit. Auch deshalb forcieren die USA ihre Präsenz vor Ort.

Im August 2021 informierte der neue US-Präsident Joe Biden den US-Kongress über einen möglichen Verkauf von Waffen im Wert von 750 Millionen US-Dollar an Taiwan. Hintergrund ist eine implizite Beistandsgarantie der USA gegenüber Taiwan, der 1979 vom amerikanischen Kongress verabschiedete Taiwan Relations Act. In dieser Mitteilung sah China prompt eine Einmischung in seine inneren Angelegenheiten und einen Angriff auf seine Sicherheitsinteressen. Präsident Xi konterte, die Wiedervereinigung mit Taiwan müsse vor dem 100. Jahrestag der Gründung der PRC beziehungsweise der »Abtrünnigkeit« Taiwans vollendet sein. Das Zieldatum wiederum: 2049. Angesichts der steigenden Aggressivität Chinas gegenüber Hongkong und Taiwan sowie im Südchinesischen Meer ist die Frage, ob die USA im Falle einer chinesischen Invasion militärisch eingreifen würden, also längst nicht mehr nur theoretisch. Die Frage, was im Ernstfall zu tun wäre, um Taiwan zu verteidigen – oder eben auch nicht –, sorgt inzwischen im Weißen Haus, dem Pentagon ebenso wie in Washingtons Thinktanks für lange Nächte und füllt viele Seiten in amerikanischen Fachzeitschriften.

Von Trump zu Biden – die China-Politik bleibt

Die China-Politik ist eine der wenigen Konstanten in der US-Außenpolitik nach dem Machtwechsel zu Joe Biden – und eines der wenigen Felder, in denen in Washington ein Konsens über die Parteigrenzen hinweg besteht. Eine harte Linie in der China-Politik wird in beiden Kammern des US-Kongresses und von den meisten Thinktanks unterstützt. Ein großer Unterschied zur Trump-Administration ist jedoch, dass Bidens Team sich bemüht, Alliierte einzubinden, und einen wesentlich systematischeren Ansatz hinsichtlich der technologischen Konkurrenz verfolgt. Biden betont unablässig den Systemwettbewerb zwischen Demokratien und Autokratien. Der jetzige Präsident und seine führenden Berater:innen wie Jake Sullivan oder Kurt Campell sehen in China – wie schon die Trump-Administration – ein zunehmend protektionistisches Wirtschaftssystem, eine immer totalitärere Gesellschaft mit einem Personenkult um Xi und eine zunehmend lückenlose staatliche Überwachung. Entsprechend hat die CIA ihre Kapazitäten gegenüber China aufgerüstet und ein »China Mission Centre« eingerichtet, das nicht nur auf China selbst ausgerichtet ist, sondern auch die Aktivitäten Pekings auf anderen Kontinenten analysiert und die US-Regierung darüber informiert. So will sich der amerikanische Geheimdienst laut seinem Direktor William Burns der »wichtigsten geopolitischen Bedrohung stellen – einer zunehmend feindlichen chinesischen Regierung«, wie die *FAZ* berichtet.

Hinzu kommt, dass China versucht, alternative Institutionen zu dem bestehenden internationalen System zu etablieren – Institutionen, in denen China ein deutlich dominierendes Gewicht besitzt. Dazu zählt beispielsweise die Shanghai Cooperation Organization (SCO), eine 2001 von China gegründete internationale Organisation, der Indien, Kasachstan, Kirgisistan, Pakistan, Russland, Tadschikistan und Usbekistan angehören. Auch die Bevorzugung chinesischer Staatsunternehmen, Handelsbeschränkungen und unfaire Einschränkungen für ausländische Unternehmen, Menschenrechtsverletzungen (besonders in Xinjiang) und Chinas Einfluss in Hongkong sind den US-amerikanischen Regierungsvertretern ein Dorn im Auge.

Zwischen Konkurrenz und Koexistenz

Für die nächsten Jahre steht zu erwarten, dass die Biden-Administration mit immer härteren Bandagen gegenüber China agieren wird. Die entscheidende Herausforderung wird sein, eine mittelfristig tragfähige Kombination aus Konkurrenz und Koexistenz zwischen den USA und China zu schaffen. Konkurrenz, um sich im Wettbewerb mit China hinsichtlich der Rolle als führende Weltmacht im 21. Jahrhundert zu behaupten. Koexistenz, um eine – insbesondere militärische – Eskalation zwischen beiden Staaten zu vermeiden und China bei globalen Fragen wie der Klimapolitik oder Maßnahmen zur Konfliktvermeidung an Bord zu halten. Biden wird jedoch das Ziel, den Wettstreit mit China zu gewinnen, nur erreichen, wenn es seinem eigenen Land gelingt, konkurrenzfähig zu bleiben. So soll die US-amerikanische Wirtschaft stärker, innovativer, effizienter und resilienter werden. Bei der Vermarktung seiner immensen Investitionspakete in die landeseigene Infrastruktur, in Sozialprogramme und in Maßnahmen zur Bekämpfung des Klimawandels spielt Biden auch deshalb die China-Karte: Regelmäßig wird die Konkurrenz mit Peking ins Feld geführt, um einen parteiübergreifenden Konsens für ein Investitionspaket zu schmieden. Eine Interessenlage, bei der sich Innen- und Außenpolitik verschränken.

Eines der wichtigsten Ziele der Biden-Administration im Zusammenhang mit China ist, die Verbündeten in die US-amerikanische China-Politik mit einzubinden. Sehr deutlich

wird die US-Regierung, wenn es darum geht, dass verbündete Länder ihre Firmen veranlassen sollen, bestimmte technologische Vorprodukte zur Herstellung der neuesten Halblei-
tertechnologie nicht an China zu liefern. Genau diese Politik
hat beispielsweise der niederländische Weltmarktführer für
Lithographiesysteme ASML zu spüren bekommen. Die USA
verhinderten nach Medienangaben den Export der modernsten ASML-Maschinen, der sogenannten EUV-Technologie
zur Herstellung modernster, kleinster Halbleiter, nach China. Präsident Joe Biden hatte Druck auf die Regierung in
Den Haag ausgeübt, weil er fürchtete, dass die Volksrepublik mithilfe der Ausrüstung aus den Niederlanden eine eigene, schlagkräftige Halbleiterindustrie aufbauen könnte. Und
dies ist nur ein Beispiel von vielen.

Die USA setzen auf die »Quad«

Von zentraler Relevanz für Bidens Strategie gegenüber China
ist die Stärkung der Allianzen. In der indopazifischen Region
selbst setzen die USA auf ein neues strategisches Bündnis:
die Quad. Die in den 2000er-Jahren von Australien, Indien,
Japan und den USA vereinbarte Kooperation ist heute eine
strategisch wichtige Plattform, auf der die vier Staaten ihre
geopolitische Marschroute im Indo-Pazifik zu koordinieren
versuchen. Die gemeinsame Arbeit reicht von der Koordina-
tion von Impfstofflieferungen bis hin zur Kooperation bei der
Chipproduktion und bei gemeinsamen Militärübungen. Dahinter steht natürlich die gemeinsame Sorge über ein weite-
res Ausgreifen Chinas in diesem Raum.

Gleichzeitig erhöhen die USA ihre militärische Präsenz
im Indo-Pazifik, um ein militärisches Engagement Chinas zu

vereiteln. Dazu verlegt die Biden-Administration militärische Hardware in den Indo-Pazifik und investiert in die Modernisierung der US-Streitkräfte.

Neu dabei: Statt immense Summen in schwere Systeme wie Flugzeugträger zu investieren, liegt das Augenmerk stärker auf kostengünstigen und flexiblen Waffen. So sollen asymmetrische Systeme wie Marschflugkörper, unbemannte Flugzeuge und U-Boote ein wichtiger Teil der amerikanischen Aufrüstung in der Region sein. Hinzu kommen die Optionen moderner Kriegführung, also Cyber-Angriffe, Angriffe auf die Infrastruktur oder die Unterbrechung von Kommunikationsnetzen. Gleichzeitig will Washington allerdings den Ausbruch eines ungewollten Konfliktes vermeiden.

Mit einem starken Bündnis konfrontiert

In seiner geopolitischen Bedeutung gar nicht zu überschätzen war in diesem Kontext die Gründung des AUKUS-Bündnisses der USA mit Großbritannien und Australien im September 2021. Im Kern beinhaltete die Vereinbarung, Australien nuklear betriebene U-Boote zur Verfügung zu stellen, um die Abwehr- und Aufklärungsfähigkeit des Landes zu stärken und ein klares Zeichen an China zu senden. Damit unterstrich Präsident Biden einmal mehr seine Fokussierung auf China und die Stärke der angelsächsischen Allianz mit Großbritannien, über das der Deal mit Washington eingefädelt wurde. Washington nahm dabei in Kauf, Frankreich vor den Kopf zu stoßen, das ursprünglich U-Boote an Australien liefern sollte und sich aufgrund der rund 1,6 Millionen französischen Staatsbürger in der Region als pazifische Macht begreift. Die Reaktionen in Paris fielen drastisch aus; Außenminister Jean-Ives Le Drian warf Australien und den USA »Lüge, schweren Vertrauensbruch, Verlogenheit und Verachtung« vor, und Frankreich rief seine Botschafter aus Washington und Canberra zurück – ein ziemlich einmaliger Vorgang unter Verbündeten. Mit seiner Entscheidung für AUKUS machte Biden drei Dinge deutlich: Die USA sind noch immer in der Lage, kraftvolle diplomatisch-militärische Bündnisse aufzubauen, sie setzen dabei vor allem auf angelsächsische Verbündete, und die Einhegung Chinas ist ihre Hauptpriorität – danach kommt erst einmal lange nichts.

Übrigens ist Deutschland, soweit bekannt, gar nicht erst gefragt worden, wie es zu der Thematik steht. Wir spielen im Indo-Pazifik auch fast keine Rolle, deshalb kann es nicht verwundern, wenn Washington Berlin in solchen Fragen nicht konsultiert. Man darf aber gespannt sein, ob Deutschland weiter an der geopolitischen Seitenlinie verharren will oder AUKUS zu einer neuen Dynamik in der so oft beschworenen größeren europäischen Souveränität in der Außen- und Sicherheitspolitik führen wird; ebenso, ob sich die NATO künftig stärker in Richtung Indo-Pazifik beziehungsweise China orientiert, wie es sich auf dem NATO-Gipfel 2021 andeutete.

Chinas Einfluss in internationalen Organisationen kontern

Nicht nur auf AUKUS-Ebene, sondern auch in den Vereinten Nationen (UN) möchten die Amerikaner intensiver mit ihren Partnern zusammenarbeiten, um Chinas wachsendem Einfluss in multilateralen Institutionen entgegenzuwirken. Auch deshalb traten die USA rasch nach Bidens Amtsantritt wieder in das Pariser Klimaabkommen ein, aus dem Donald Trump mit großem Getöse ausgestiegen war. Zudem haben die USA sich 2021 hinter den Kulissen intensiv darum bemüht, das Atomabkommen mit dem Iran wiederzubeleben. Auch wurde der politische Rang der amerikanischen UN-Repräsentantin wieder auf Kabinettsebene heraufgestuft, nachdem der Posten unter Trump eine Degradierung erlebt hatte. Gleiches gilt für die diplomatische Präsenz der USA weltweit. Auch hier ist mit einer weiteren Aufwertung zu rechnen. Denn Washington weiß: Mittlerweile hat China mehr Führungspositionen in internationalen Organisationen besetzt als die USA, nicht nur in der Vereinten Nationen, sondern auch in anderen multilateralen Institutionen wie IWF, WHO und WTO.

Wie Druck auf beiden Seiten aufgebaut wird

Eine geoökonomische Waffe, die Washington zunehmend gegen China einsetzt, ist das sogenannte Delisting. Dies bedeutet, dass Firmen, die an der New Yorker Börse (NYSE) gelistet sind, dieses Listing verlieren, wenn sie nicht nachweisen können, dass »sie nicht im Besitz einer ausländischen Regierung sind oder von ihr kontrolliert werden«. Dabei machen sich die USA den Sarbanes-Oxley Act von 2002 zunutze, ein vom US-Senat verabschiedetes »Gesetz zur Rechenschaftspflicht ausländischer Unternehmen«. Wenn ausländische Unternehmen über einen Zeitraum von drei Jahren nicht mit diesem Gesetz konform gehen, werden sie schlicht und einfach rausgeschmissen. Der Sarbanes-Oxley Act ist ein US-Bundesgesetz, das als Reaktion auf diverse Bilanzskandale konzipiert wurde und seit Herbst 2020 konsequent angewandt wird, vor allem gegen chinesische Big Player wie China Mobile, China Unicorn und China Telecom. Die drei Unternehmen gehören zu den größten ihrer Art. China Mobile zählt beispielsweise

950 Millionen Kund:innen mit Handyverträgen. Alle drei sind große Staatsunternehmen, die direkt der Zentralregierung – und damit der Partei – unterstellt sind. Sie geraten dadurch automatisch ins Visier der US-amerikanischen Regierung, die solchen Unternehmen militärisch-politische Interessen unterstellt. Dies geschieht auch nicht ganz zu Unrecht, denn die kommunistische Partei ist in allen chinesischen Unternehmen präsent und reklamiert ein Mitspracherecht.

Und so standen chinesische Firmen in den USA vor der Wahl zwischen der Einhaltung der Wertpapiervorschriften der US-Regierung und den Regeln ihres Heimatlandes, wo der Staat – und damit die Partei – Anspruch auf geheime Finanzinformationen erhebt. Wobei die Sache aus Anlegersicht klar war: »Viele, wenn nicht alle Firmen werden entweder auf dem chinesischen Festland oder in Hongkong neu auflisten«, sagte David Smith von der Anlagefirma Aberdeen Standard Investment. Experten gehen davon aus, dass mindestens eine Billion Dollar an chinesischem Kapital von den amerikanischen Börsen ausgelöscht würde, wenn weiteren chinesischen Unternehmen die Registrierung an US-Börsen entzogen wird. Insgesamt 200 chinesischen Firmen, deren Aktien an der Wall Street in New York gehandelt werden, droht das Aus in den USA, darunter auch dem Online-Händler Alibaba, dessen Börsenwert in jüngster Zeit auch aufgrund dieser drohenden Gefahr von mehr als 700 Milliarden Dollar auf 465 Milliarden Dollar gefallen ist. Aber auch Unternehmen wie der Öl- und Energiekonzern CNOOC oder Petrochina sind betroffen.

China wehrt sich mit Anti-Sanktionsgesetz

Auf diese und andere amerikanische Verbote und Beschränkungen chinesischer Firmen in den USA reagiert China mit Gegenmaßnahmen, etwa mit dem im Eilverfahren durch den Ständigen Ausschuss des Nationalen Volkskongresses erlassenen Exportkontrollgesetz vom Dezember 2020 und den ergänzenden Leitlinien vom April 2021. Diese berühren typische »Dual-use-Güter«, also Technologien und Güter, die sowohl zivilen als auch militärischen Zwecken dienen können. Vor allem aber verleiht das neue Gesetz chinesischen Finanzbehörden erhebliche Befugnisse, gegen zahllose mögliche Verstöße vorzugehen. Gleichzeitig werden in China die Compliance-Anforderungen insbesondere für westliche Unternehmen deutlich verschärft. Gerade für mittelständische Firmen ist das eine zunehmend besorgniserregende Entwicklung. Die Zahl der Hürden im Bereich der Außenwirtschaftsbeziehungen steigt, und eine anwachsende Bürokratie samt der dadurch verursachten ausufernden Kosten droht das wirtschaftliche Handeln weiter einzuschränken.

Ein noch deutlicheres Signal setzt das Anti-Sanktionsgesetz. Auf gerade einmal eineinhalb Textseiten mit rund 1640 chinesischen Zeichen legt es fest, was ohnehin schon Grundlage chinesischer Politik im Umgang mit ausländischen Sanktionen ist: Wenn solche gegen China erlassen werden, reagiert das Land mit Gegenreaktionen, die auch schon einmal sehr viel schärfer ausfallen können als die Sanktionen, auf die sie sich beziehen sollen. Das Gesetz verändert zwar nicht die Politik, wohl aber die Symbolik, mit der China sein gewachsenes Selbstbewusstsein zum Ausdruck bringt. Das Motto ist klar: Wir lassen uns nichts mehr gefallen.

Die 16 Artikel sind vage gehalten und damit offen für breit ausgelegte Interpretationsspielräume. Sie werden von westlichen Analysten deshalb zu Recht als Mittel angesehen, ausländische Unternehmen zur Wahrung chinesischer Interessen zu zwingen. In der Konsequenz geraten ausländische Unternehmen immer stärker in die Zwickmühle politischer Debatten zwischen China und der EU. Das Kernrisiko lässt sich einfach benennen: Das Einhalten von EU-Menschenrechtsstandards kann zu einem automatischen Rechtsbruch in China führen und deshalb die Fortsetzung bilateraler Wirtschaftsbeziehungen im Prinzip unmöglich machen. Ein konkreter Fall wäre, wenn die EU beschließen sollte, Baumwollfirmen aus der Region Xinjiang zu sanktionieren, weil der starke Verdacht besteht, dass es in der Region Zwangsarbeit gibt. Dann könnte China den Unternehmen, beispielsweise aus der Textil- oder Sportartikelbranche, sagen: Ihr könnt gerne in China Geschäfte machen, aber nur, wenn ihr Baumwolle aus Xinjiang verwendet. Oder anders gesagt: Ihr müsst euch entscheiden.

Technologie – Kampf der Giganten

Ein zentrales, wenn nicht das wichtigste Feld der Auseinandersetzung zwischen China und den USA ist jedoch das der globalen Technologieführerschaft. Aus Washingtoner Sicht unternimmt China einen konzertierten Versuch, Amerikas globale Technologieführerschaft anzufechten. Das Kalkül Pekings: Wer die wichtigsten technologischen Domänen beherrscht, ist am besten positioniert, in Zukunft die internationale Führungsrolle zu übernehmen. Und die nächste Dekade wird entscheidend dafür sein, wer diesen Wettbewerb gewinnt.

Amerikas wirtschaftliche und politische Elite hat diese Herausforderung erkannt und ist entschlossen, sich ihr zu stellen. Im März 2021 veröffentlichte die National Security Commission on Artificial Intelligence, ein vom Kongress mandatiertes Expertengremium, ihren mehr als 750 Seiten langen Endbericht. Geleitet vom ehemaligen Google-CEO Eric Schmidt und dem ehemaligen stellvertretenden Verteidigungsminister Robert Work, war das Gremium besetzt mit führenden Persönlichkeiten aus Politik und Wirtschaft Amerikas. In dem Report werden massive Erhöhungen der staatlichen Investitionen in die Forschung und High-Tech-Entwicklungen gefordert. Vor allem soll in Biotechnologie investiert sowie verstärkt ausländische Talente angeworben und gefördert werden. Die Expert:innen sehen zudem ein deutliches Missverhältnis in den Forschungsausgaben. 2019 investierten die USA 2,8 Prozent ihres Bundeshaushalts in Forschung und Entwicklung, und obwohl aus China keine konkreten Zahlen vorliegen, gehen Experten davon aus, dass das Reich der Mitte seine Investitionen in neue Technologien wie zum Beispiel AI, synthetische Biologie und Quantenkommunikation stark steigerte.

Die Befürchtung der USA liegt auf der Hand: Wenn es China gelingt, neue Technologiestandards zu setzen, wird der Standard dieses größten Marktes der Welt bald zum Weltstandard werden. Das beunruhigt viele CEOs an der amerikanischen Westküste, und die Strategen in Washington haben Technologiepolitik längst zur Priorität erkoren. Wir werden in Kapitel 7 genauer darauf eingehen.

Kapitel 5
DIE FOLGEN FÜR UNTERNEHMEN

Was bedeutet also die zunehmende strategische Realität und der Systemwettbewerb zwischen den USA und China für Europa und Deutschland? Worauf sollten sich Unternehmenslenker einstellen? Was ist in der Planung zu berücksichtigen? Oft hört man in der deutschen Wirtschaft, dass eine Entkopplung der Weltwirtschaft bevorstehe und Unternehmen in Deutschland und Europa sich bald zwischen den beiden größten und wichtigsten Mächten »entscheiden« müssten. Schon 2019 gaben 78 Prozent der Führungskräfte aus Politik und Wirtschaft in einer Umfrage der Zeitschrift *Capital* an, dass sie fürchteten, sich aufgrund des Handelskonflikts zwischen China und den USA für eine Seite entscheiden zu müssen. Seitdem hat sich der Konflikt zwischen beiden Ländern, wie oben gezeigt, noch verschärft. Dennoch kann man aus unserer Sicht nicht von einer echten Entscheidung sprechen, die deutsche Unternehmen zwischen den USA und China treffen könnten. Denn trotz aller chinesischen Investitionen, trotz der Seidenstraße, die bis nach Duisburg reicht, trotz Dutzender chinesischer Infrastrukturprojekte in Europa sind die Verbindungen Deutschlands mit China in ihrer gesellschaftlichen, kulturellen und auch wirtschaftlichen Dimension nicht mit den transatlantischen Beziehungen vergleichbar.

Chinas Bedeutung als Markt ist unbestritten. Man kann bewundern, mit welcher Effizienz große Projekte in China umgesetzt werden, die technologische Aufholjagd ist beeindruckend, und es ist gut, dass Hunderte Millionen Menschen in den vergangenen Jahrzehnten aus der Armut befreit worden sind. Gleichzeitig können die Amerikaner sicher für viele ihrer weltpolitischen Aktionen der letzten Jahrzehnte kritisiert werden, die Polarisierung in den USA ist besorgniserregend, und es gibt erhebliche Unterschiede bei der Lösung von politischen und gesellschaftlichen Herausforderungen. Und ja, die USA sind unter Trump auch vielen überzeugten Transatlantikern fremd geworden. Aber dennoch sind sich Europa und Amerika sehr viel näher als Europa und China. Demokratie, Rechtsstaat, Menschenrechte, Pressefreiheit und freie oder soziale Marktwirtschaft gibt es in China nicht. Daher bleiben die USA für Europa der wichtigste strategische und natürliche Partner.

Organisationen wie die American Chamber of Commerce bieten Wege an, sektorübergreifend Brücken zu bauen und Politik und Wirtschaft zusammenzubringen. Damit können breite unternehmerische Themen, die alle Marktteilnehmer betreffen, behandelt und die notwendigen Rahmenbedingungen gemeinsam entwickelt werden. »Transatlantische Partnerschaften können so in Maßnahmen umgesetzt werden, die beiden Seiten helfen. Wenn hier Standards entwickelt und gesetzt werden, können Risiken gemindert und Chancen wahrgenommen werden«, sagt Simone Menne, Präsidentin der American Chamber of Commerce in Germany. Doch so wichtig es sei, in dieser weltpolitischen Lage Allianzen zu bilden, »wir dürfen uns auch nicht in Abhängigkeiten begeben«, so Menne.

Trotz aller Sorgen der amerikanischen Tech-Elite um den Erhalt ihrer technologischen Vorreiterrolle verfügen die USA nach wie vor über eine starke Position: Sie haben den mit Abstand größten Kapitalmarkt der Welt, gerade im Venture-Bereich; unter den Top-Universitäten der Welt belegen amerikanische Universitäten die ersten vier Plätze, angeführt vom MIT in Boston und gefolgt von Stanford und Harvard. Die erste chinesische Universität taucht in den Rankings erst auf Platz 15 auf, die erste deutsche Universität, die TU München, auf Platz 50. Zudem investieren die USA seit Jahrzehnten Billionen US-Dollar in Forschung und Entwicklung – angefangen vom Aufbau des Silicon Valley bis hin zu den mehr als drei Milliarden US-Dollar, die allein das Pentagon 2020 in sogenannte Moonshot-Projekte im Rahmen ihres »Defense Agency Research Project« (DARPA) investierte.

Dieses »DARPA«-Programm wird deswegen auch in Deutschland häufig als Vorbild für die Förderung von Innovationen und Technologien, für die es kein privates Risikokapital gibt, genannt. Der Leiter der Bundesagentur für Sprunginnovationen (SPRIND), Rafael Laguna de la Vera, sagt beispielsweise im Interview mit dem *Handelsblatt*: »DARPA wettet nicht auf einzelne Pferde, sondern auf das Rennen.« Und was China betrifft, so ist offensichtlich, dass die transatlantischen Partner bei der Beurteilung des Verhaltens der Volksrepublik meistens übereinstimmen, egal ob es um Diebstahl von geistigem Eigentum, mangelnde Reziprozität bei Marktzugängen, Menschenrechtsverletzungen, Transparenz oder den Mangel an demokratischen Strukturen geht.

Eine »Entscheidung« zwischen den USA und China steht also politisch, kulturell, gesellschaftlich und hinsichtlich unserer Werte nicht an. Die Herausforderung für Deutschland und vor allem die deutsche Wirtschaft liegt aus unserer Sicht primär in China selbst. Europa muss Strategien gegenüber China entwickeln. Zugleich ist eine partielle Entkopplung zwischen den USA, Europa und China, vor allem im Technologiebereich, bereits heute Realität. Hier wird der Druck aus den USA auf deutsche Unternehmen steigen, bestimmte Technologien und Vorprodukte nicht mehr nach China zu liefern, womöglich unter Androhung von Sanktionen. Auch werden chinesische Investitionen nach Deutschland und in die EU strenger geprüft werden. Schauen wir uns also die deutschen und europäischen China-Strategien genauer an.

Die Herausforderungen des chinesischen Marktes

In der deutschen Industrie gibt es hinsichtlich Chinas keine einheitliche Strategie, aber in einem Punkt sind sich alle einig: »Der Wettbewerb wird rauer und unterliegt immer stärker geoökonomischen Denkmustern«, wie Joachim Lang, seit 2017 Hauptgeschäftsführer des Bundesverbands der Deutschen Industrie (BDI) und einer der Vordenker zu globalen politischen Fragen in Berlin, im Gespräch mit uns sagt. »Wir müssen China als das wahrnehmen, was es ist: ein systemischer Wettbewerber.« Europa müsse, so Lang, »mit klarer Kante agieren«. Gerade in Zeiten von Protektionismus und zunehmender Abschottung einzelner Länder »erhalten wir unsere Wettbewerbsfähigkeit nur, wenn wir Europäer gemeinsam und selbstbewusst handeln«. Die EU hat sich 2021 auch tatsächlich gesammelt. Ab 2022 soll eine gemeinsame EU-Strategie greifen, deren Ziel statt einer neuen Seidenstraße ein global vernetztes Europa ist. »Die EU-Außenpolitik stellt dadurch die Konnektivität in ihren Mittelpunkt«, sagte EU-Außenbeauftragter Josep Borrell. Konnektivität ist ohnehin der Begriff, auf den man EU-weit immer mehr setzt. Eine bessere Konnektivität bedeute, so Borrell, eine Diversifizierung von Wertschöpfungsketten bei gleichzeitigem Abbau von strategischen Abhängigkeiten der EU und ihrer Partner. Aus Sicht der EU kann es nicht sein, dass ein EU-Beitrittskandidat wie Montenegro in die Knie gezwungen wird, weil das Land Schwierigkeiten hat, einen Milliardenkredit an China für sein Autobahnnetz zu bedienen.

Kontrollverlust in Piräus

Welche Dimension das Thema Abhängigkeit von Lieferketten erreicht hat, zeigte sich, als 2016 die chinesische Staatsfirma Cosco den Hafen von Piräus übernahm. Piräus ist die Nummer vier unter den europäischen Großhäfen, gleich hinter Rotterdam, Antwerpen und Hamburg. »Hier geht kein Schiff raus oder rein, das die Chinesen nicht wollen«, sagte ein früherer griechischer Marineminister gegenüber dem Berliner *Tagesspiegel*. Piräus gilt als so etwas wie der Endpunkt der maritimen Seidenstraße, die von China über den Indischen Ozean ins Rote Meer verläuft. Der frühere EU-Kommissar Günther Oettinger weist ebenfalls im *Tagesspiegel* darauf hin, dass die chinesische Cosco und ihre Schwesterfirma China Merchant bereits in 14 europäischen Häfen – von Rotterdam und Antwerpen über Le Havre, Bilbao, Valencia, Marseille und Malta – eigene Terminals oder Anteile an Hafengesellschaften besitzen. Weltweit kontrolliert Peking mittlerweile jedes vierte Container-Terminal. »Damit verliert Europa ein

Stück Souveränität«, sagt Frankreichs Ex-Premier Jean-Pierre Raffarin über den Ausverkauf der Häfen.

Wird es der EU angesichts dieses Kontrollverlusts gelingen, ihre geopolitische Handlungsfähigkeit wiederherzustellen? Rudolf Adam, ein erfahrener deutscher Diplomat und Geopolitik-Experte, ist skeptisch:»Nachdem man den Fuchs in den Hühnerstall gelassen hat, will man ihn jetzt wieder hinaustreiben. Das wird kaum gehen – zumindest nicht gegen den Widerstand der Chinesen –, es sei denn, man greift zu drastischen Methoden wie Enteignung – aber darauf werden die Chinesen ihrerseits mit Vergeltungsmaßnahmen antworten«, sagt er uns im Gespräch.

Auf jeden Fall sind die westlichen Staaten nun »am Ende der Naivität« angelangt, wie es FDP-Außenpolitikexperte Alexander Graf Lambsdorff in einem Interview mit der *WirtschaftsWoche* formulierte. Er rechnet mit einer weiteren Verschlechterung der Handelsbeziehungen mit China. Als Gründe nannte Lambsdorff:»Die Kommunistische Partei Chinas will die Wirtschaft eng kontrollieren, Parteizellen werden in allen Firmen positioniert. Auch der Know-how-Abfluss geht weiter.« Für Europa und Deutschland empfiehlt der FDP-Politiker daher die Erschließung neuer und tiefer Märkte in anderen asiatischen Staaten. Dies sei »absolut zentral, wenn wir unseren Wohlstand in Europa – und auch unsere Unabhängigkeit – bewahren wollen«.

Eine schwierige Rechnung: 17+1

»Im Sinne einer strategischen Risikoabsicherung müssten Deutschland und Europa die Fähigkeit zu einer China-Politik schaffen«, heißt es in einem Papier der Stiftung Wissenschaft und Politik (SWP), des von der Bundesregierung getragenen Thinktanks, dessen Leiter Stefan Mair sowohl ein ausgewiesener Außenpolitikexperte ist als auch lange in der Hauptgeschäftsführung des BDI tätig war. Doch eine gemeinsame China-Politik der EU ist leichter angekündigt als umgesetzt, denn dazu müssten die EU und ihre 27 Mitgliedsstaaten zunächst einmal gemeinsame Interessen definieren, was angesichts der chinesischen 17+1-Politik schwierig werden dürfte. An diesem 17+1-Format sind insgesamt 17 Staaten Ostmitteleuropas sowie China beteiligt. Das Forum besteht seit 2012, man trifft sich einmal jährlich. Das Kritische daran: Zwölf der teilnehmenden Staaten sind EU-Mitgliedsländer, darunter Ungarn, Griechenland und Italien.

Investitionsabkommen der EU mit China auf Eis

Trotz der nicht einheitlichen EU-Linie gegenüber China – und starken Widerstands aus Washington – war es der Regierung von Angela Merkel und der deutschen EU-Ratspräsidentschaft mit leiser Unterstützung des französischen Präsidenten Emmanuel Macron in den letzten Stunden des Jahres 2020 gelungen, ein Investitionsabkommen mit China durchzupauken. Dieses »Comprehensive Agreement on Investment«, kurz CAI, soll den Marktzugang europäischer Unternehmen bei Investitionen in China verbessern. Deutsche Firmen sahen in dem Abkommen durchaus eine große Chance. Doch nun liegt es aufgrund massenhafter Sanktionen Chinas gegen westliche Akteure auf Eis. Eine Mehrheit dafür im Europäischen Parlament ist nicht absehbar – vor allem seit Peking im Frühjahr 2021 gegen vier Europaparlamentarier, unter anderem den prominenten Grünen-Politiker

Reinhard Bütikofer, und einige Institutionen Sanktionen erlassen hat, weil diese die Menschenrechtssituation in den Uiguren-Gebieten öffentlich angeprangert hatten. Dabei hatten viele große Hoffnungen auf das Abkommen gesetzt. Es versprach mehr Rechtssicherheit für Unternehmen, auch hätte sich China stärker an internationale Arbeitsnormen halten müssen, und vor allem erhofften sich viele Firmen einen verbesserten Marktzugang. Doch China hat gezeigt, wie wenig das Land davon hält, wenn seine Menschenrechtsverletzungen angeprangert werden. gleich von innen oder von außen. Das Fazit des EU-Außenbeauftragte Josep Borrell lautete daher auch:»Die Beziehungen werden immer schwieriger.«

China-Exit keine Option

Trotz dieser Schwierigkeiten denkt die überwiegende Zahl der deutschen Industrieunternehmen nicht daran, den chinesischen Markt aufzugeben. Ob BASF, Volkswagen oder Siemens neben großen Teilen des deutschen Mittelstands – für die meisten ist China ein »break or make market«, wie uns ein Aufsichtsrat einer großen Chemiefirma sagte. Die Wachstums- und Gewinnperspektiven im Reich der Mitte sind für viele deutsche Player einfach zu groß. Nicht zuletzt hängt bei vielen der Erhalt von Arbeitsplätzen am Erfolg des Unternehmens auf dem chinesischen Markt. Entsprechend sagte BDI-Präsident Siegfried Russwurm in einem Interview mit dem *Handelsblatt* im Januar 2021:»Eine Abgrenzung von China wäre schädlich.« Zudem sei »China auch abhängig vom Rest der Welt«. Bei vielen Unternehmen nehme die Expansion nach China sogar zu. Er bestätigt: Nicht zuletzt hängt auch unser Wohlstand von den Umsätzen in den weltweiten Märkten ab.

Eckart von Klaeden, früher Staatsminister im Kanzleramt, jetzt bei der Daimler AG für Politik und Außenbeziehungen zuständig, sagt: »Viele Firmen sehen sich immer öfter mit der Frage konfrontiert: Wo würden wir ohne den Umsatz in China, den USA oder Indien stehen?«

Dazu stellt eine Studie des Center Automotive Research nüchtern fest, dass von den durch Volkswagen, Daimler und die BMW-Group im Jahr 2020 weltweit verkauften rund 14 Millionen Autos 38 Prozent an Abnehmer in China gingen. Selbst wenn ihr Marktanteil in China konstant bleibt, könnten die Verkäufe der deutschen Hersteller in dem Land bis 2030 um 3,3 Millionen Fahrzeuge auf 8,7 Millionen pro Jahr ansteigen, was »in etwa der Größe des deutschen Automarkts entspricht«, wie es in der Studie heißt.

Umsatzrückgänge in China drohen

Gleichzeitig drohen der deutschen Industrie aus verschiedenen Gründen Umsatzrückgänge in China: So wächst laut einer Studie des Instituts der deutschen Wirtschaft (IW) in Köln vom August 2021 der Konkurrenzdruck aus China für die deutsche Industrie, weil der Wettbewerb mit China nicht unter gleichen Bedingungen stattfinde. Chinas parteistaatlich gelenkte Hybridwirtschaft verzerre den globalen Wettbewerb zulasten von Unternehmen aus marktwirtschaftlich geprägten Volkswirtschaften.

Gabriel Felbermayr, Präsident des Instituts für Weltwirtschaft in Kiel, stößt in dasselbe Horn. Bereits im August 2020 warnte er im *Handelsblatt* vor einer schwächeren Nachfrage in

China, denn das Land habe »seine Abhängigkeit von importierten Vorprodukten in den letzten 25 Jahren kontinuierlich reduziert«. Das sei in Zeiten eines boomenden Gesamthandels kaum aufgefallen, im Hinblick auf den zunehmenden chinesischen Protektionismus bedeute das aber für deutsche Maschinenbauer, Autozulieferer oder Feinchemiehersteller, sofern sie nicht in China produzierten, eine deutlich schwächere Nachfrage.

Ähnlich sieht das eine gemeinsame Studie der Bertelsmann Stiftung und des VDMA (Verband Deutscher Maschinen und Anlagenbau) aus dem Jahr 2021: Wenn China mit seiner 2025-Strategie Erfolg habe, werde es für Branchen, in denen deutsche Firmen traditionell stark und die für die Exportnation Deutschland von großer Bedeutung seien, unter anderem der Maschinenbau, sehr schwierig werden. So beschreibt die Studie Szenarien, wonach bei einem Erfolg von »Made in China 2025« mit einem signifikanten Rückgang deutscher Maschinen- und Anlagenexporte bis ins Jahr 2030 zu rechnen sei. Das 2019 erzielte Exportvolumen von 18 Milliarden Euro würde sich demnach bis 2030 auf 13 Milliarden Euro reduzieren. Die Macher der Studie empfehlen den Aufbau einer resilienten Strategie gegenüber China, für die es ein abgestimmtes europäisches Handeln bräuchte; noch besser sei die zusätzliche Koordinierung mit den USA. Denn: Wenn die 2025-Strategie erfolgreich sein sollte, werde Deutschland davon nicht profitieren. In der Studie heißt es: Je mehr Erfolg China mit seiner Industriepolitik hat, umso mehr Maschinen und Anlagen exportiert es auch in Drittländer, sprich: in Länder, in die bislang Deutschland exportiert.

Ist »good enough« wirklich gut genug?

Eine weitere Dimension erläutert BDI-Hauptgeschäftsführer Joachim Lang im Gespräch mit uns: »Es geht in manchen Bereichen nicht immer um Spitzenqualität«, so Lang. Immer mehr setze China auf das sogenannte »Good-Enough-Prinzip«: »In Deutschland wird eine Maschine produziert, die über zehn Funktionen verfügt. Zwar werden diese nur von wenigen Kunden alle gebraucht, aber sie stehen für die hohe Qualität, für Spitzenqualität. In China werden nun für bestimmte Märkte Maschinen hergestellt, aber nur mit fünf Funktionen, den wichtigsten. Das reicht meistens aus, eben ›good enough‹ – und diese Maschinen sind, das ist der entscheidende Punkt, meist nur halb so teuer wie eine Maschine aus Deutschland.« Und in weniger finanzstarken Regionen wie Südostasien oder auch Afrika werden dann eben Maschinen aus China bestellt. Diese Nachfrage müssen wir auch bedienen können. »Kürzlich habe ich bei einem Unternehmen eine Maschine gesehen, die kann innerhalb einer Sekunde ein kompliziertes Metallteil bearbeiten, früher haben sie dafür drei Maschinen hintereinanderschalten müssen und hatten einen höheren Zeitaufwand. Heute geht das innerhalb einer Sekunde, das ist absolutes Highspeed. Aber für einen Kunden in Indonesien sind auch 30 Sekunden in Ordnung, vor allem, wenn die Maschine dann deutlich günstiger ist, und genau diese Kunden wird China bedienen. Die herausragenden Produkte mit Spitzenqualität haben ihren Kundenkreis, aber hohe Qualität mit geringerer Funktionalität hat auch ihre Fans. Vor allem auch, weil sich Technologien rasch wandeln. Es ist ja etwa im Fall der Zündkerze nicht sicher, wie lange es bei steigender E-Mobilität überhaupt noch einen Bedarf an Zündkerzen geben wird.«

Wie es generell mit dem Bedarf an deutschen Maschinen aussieht, wird sich ohnehin weisen. Die GTAI hat im Sommer 2021 gemeldet, dass China im Jahr 2020 erstmals der größte Exporteur von Maschinen weltweit war. Laut GTAI hatten deutsche Maschinenbauer ihre weltweiten Lieferungen von 2010 bis 2020 lediglich um 8,7 Prozent gesteigert. Anbieter aus dem Reich der Mitte haben ihre Exporte im gleichen Zeitraum hingegen nahezu verdoppelt. Den errungenen Vorsprung im Maschinen- und Anlagenbau, so die GTAI, dürfte China 2021 mit Sicherheit weiter ausbauen. Der Trend zeigt, dass der deutsche Export auch dieses Segment langfristig verlieren könnte.

Eine der bekanntesten Unternehmenschef:innen Deutschlands, Nicola Leibinger-Kammüller, Gesellschafterin des Maschinenbauers Trumpf, eines Weltmarktführers unter anderem in Lasertechnologie, hält dagegen. Man profitiere kurzfristig von Chinas Wirtschaftsstrategie, sagte Leibinger-Kammüller im Juli 2020 im Gespräch mit der *Frankfurter Allgemeinen Zeitung.* »Auch wir erhalten Subventionen, wenn wir ein Gebäude dort bauen, Technologie lokalisieren. Und auch wir bekommen mittlerweile gut ausgebildete Ingenieure von chinesischen Universitäten, unsere Steuerlast wird halbiert, wenn wir dort Patente anmelden.« Aber natürlich verfolge China dabei eigene Interessen – alles dort sei eben staatlich gut durchgeplant. »Im Moment sind wir noch Teil des Plans und wir können teilhaben.« Selbstbewusst weist sie darauf hin, dass sie nicht auf »good enough« setzt: »Wir europäischen Maschinenbauer haben eben noch immer einen gewissen technologischen Vorsprung, der in China willkommen ist.« Natürlich komme China Jahr für Jahr näher, letztlich müsse die Frage immer lauten: »Wie groß ist der Nutzen und wie groß ist das Risiko?«

USA versus China: Was ist zu tun?

Handlungsempfehlungen

Wie sollen sich deutsche Unternehmen also gegenüber China und angesichts des wachsenden westlich-chinesischen Systemkonflikts verhalten?

Strategie

Angesichts der zu erwartenden Zunahme der Spannungen zwischen den USA und China sowie zwischen der EU und China sollten Unternehmen ihre China-Strategie grundsätzlich überprüfen und dabei neben den Umsatz- und Gewinnmöglichkeiten die Risiken stärker berücksichtigen. Etwa IP-Diebstahl, diskriminierende Behandlung durch die KP, Überwachung von Mitarbeiter:innen durch »Social Scoring«, Export- und Importbeschränkungen, Sanktionen oder sogar Enteignungen bei Nichtbeachtung von Regierungsvorgaben. Eine Diversifizierung und Verlagerung von Produktion und Wertschöpfungsketten aus China heraus betreiben bereits viele Unternehmen, und die Überprüfung von alternativen Standorten in Asien – oder Australien – ist sinnvoll.

Technologie

Ein Feld, auf dem sich deutsche Unternehmen tatsächlich zwischen beiden Märkten werden entscheiden müssen, ist die Hochtechnologie. Das gilt vor allem für die Bereiche, in denen die USA versuchen, Chinas Ambitionen gemäß der 2025-Strategie auszubremsen oder den Technologietransfer zu verhindern. Zu diesen Bereichen gehören die Halbleiterindustrie mit ihren Zulieferern wie Laser oder Feinoptik, Cyber-Software, Luft- und Raumfahrt, Quantencomputertechnologie oder Verteidigungssysteme. Hier werden sich in Zukunft die mit dem Schicksal von ASML vergleichbaren Beispiele häufen und CEOs müssen sich darauf einstellen, einen Anruf aus dem US-Außenministerium oder dem Weißen Haus zu bekommen, mit dem eindringlichen Appell, bestimmte Technologien nicht mehr nach China zu liefern.

Wertschöpfungsketten und Menschenrechte

Zudem sollten deutsche Unternehmen ihre Produktion und Wertschöpfungsketten genau dahingehend überprüfen, wo Restriktionen oder Sanktionen von amerikanischer oder chinesischer Seite drohen könnten. Denn Washington wie Peking verschärfen ihre Instrumentenkästen. Vor allem versuchen die USA, sensible Exporte nach China auch aus Drittländern zu sanktionieren; dazu hat das US-amerikanische Wirtschaftsministerium 2020 entsprechende Richtlinien veröffentlicht. Dass Washington versucht, US-Gesetze auch außerhalb der USA anzuwenden, ist bekannt und wird noch zunehmen, etwa wenn es um die Verletzung von Menschenrechten in Lieferketten geht.

M&A/Unternehmensübernahmen

Auch werden politische Verbote von Unternehmenskäufen oder -übernahmen durch chinesische Käufer in den kommenden Jahren zunehmen. In den USA wurden in den vergangenen Jahren kaum noch relevante Technologie-Deals mit chinesischer Beteiligung genehmigt – und wenn, dann nur unter strengen Auflagen. Darüber wacht das interministerielle und mächtige CFIUS (Committee on Foreign Investments in the United States). Ein ebenso scharfes Schwert haben wir sowohl in der EU als auch in Deutschland nicht. Immerhin wurde in den vergangenen Jahren mehrfach die Außenwirtschaftsverordnung verschärft, was sich unter anderem gegen chinesische Unternehmen und Investoren richtete. Hier sind eine genaue juristische und politische Analyse und laufendes Monitoring zu empfehlen.

Geistiges Eigentum

Jedes Unternehmen muss wissen, dass in China andere Auffassungen von geistigem Eigentum und der Unverletzlichkeit der Privatsphäre und der Kommunikation herrschen. China ist weiterhin bemüht, ohne großen eigenen Aufwand an Produktionsgeheimnisse ausländischer Firmen zu kommen und auf diesem Weg Investitionen in Forschung und Entwicklung weitgehend »kostenlos« abzuschöpfen. Von China gehen mittlerweile auch einige der raffiniertesten und gefährlichsten Hackerangriffe aus.

Kommunikation

Wenn der Westen seine Überzeugung von freiem Wettbewerb ernst nimmt, muss er der Expansion Chinas ein eigenes, besseres, akzeptableres Konzept entgegensetzen. Das bedeutet, auf egalitäre Wettbewerbsbedingungen zu achten. Hier haben westliche Regierungen viel zu lange beide Augen zugedrückt und China einseitige Vorteile durchgehen lassen, die sich jetzt rächen und nur schwer wieder rückgängig zu machen sind. Aufgabe der in China tätigen Unternehmen wird es sein, derartige Wettbewerbsverzerrungen und Diskriminierungen deutlich zu benennen.

Alternative Märkte – Chancen und Risiken

Eine weitere strategische Empfehlung an Vorstände und Aufsichtsräte lautet, konkret und verstärkt auf neue Wachstumsregionen zu blicken.

Die *ASEAN-Staaten*, vor allem Vietnam, bieten sich als alternatives Investitionsziel und als Standort für Produktionen, die in China unmöglich werden, geradezu an. Diese Option wird von vielen Unternehmen bereits wahrgenommen, und auch wir empfehlen, eine Diversifikation von Produktion in die Region zu prüfen, um die Abhängigkeit vom chinesischen Markt zu verringern und zugleich in den südostasiatischen Wachstumsmärkten präsent zu sein oder zu bleiben.

Auch die Bedeutung von *Taiwan, Japan, Südkorea, Australien und Neuseeland* wird zunehmen. Sie alle bieten, wenn auch zu völlig unterschiedlichen Bedingungen, eine Möglichkeit, China zu verlassen, aber dennoch in der Region präsent zu bleiben. In einem Systemkonflikt zwischen den USA und China werden sie sich eher auf die Seite der USA schlagen – es sei denn, Zweifel an der Bereitschaft und der Fähigkeit der USA, die Sicherheit dieser ostasiatischen Staaten auch gegen Übergriffe seitens China zu verteidigen, führten zu einer grundlegenden Neubewertung ihrer strategischen Sicherheit. Der ehemalige US-Präsident Trump hat die Bereitschaft seines Landes zur Verteidigung Taiwans offen angezweifelt, und nachdem die USA nicht in der Lage waren, ihre Verbündeten in Afghanistan wirksam zu schützen, sind auch die Zweifel an ihrer diesbezüglichen Fähigkeit gewachsen. Entsprechend stark bemüht sich die Biden-Administration um eine Bestätigung ihrer Allianzen in Asien.

Indien ist der kommende Gigant, der in der nächsten Dekade China in puncto Einwohnerzahl überrunden wird. Auch Indien ist geplagt von politischen und sozialen Spannungen, von dem Gegensatz zwischen überbordendem Reichtum und bitterster Armut, zwischen Analphabetismus und manchmal fanatischer Religiosität sowie bestens ausgebildeten, säkularisierten Weltbürgern. Weltweit nehmen Inder:innen zunehmend Führungspositionen ein – mit großem Erfolg. Viele deutsche Unternehmen haben Indien inzwischen als Werkbank entdeckt, vor allem im Dienstleistungsbereich. Auch Indien ist kein leichter Partner, aber es ist aufgrund seiner günstigen Lage zwischen den kaufkräftigen Märkten in China und in Europa eigentlich dafür prädestiniert, auf beiden Märkten eine größere Rolle zu spielen.

Afrika bleibt der am meisten unterschätzte und vernachlässigte Kontinent. China hat vorgemacht, was dort möglich ist. Weshalb sollte westlichen Unternehmern nicht Ähnliches gelingen? Womit wir bei der Gretchenfrage der Politik sind: Soll man zunächst auf guter Regierungsführung (Good Governance) bestehen und erst dann investieren? Oder investiert man in der Hoffnung, dass sich mit höherem Lebensstandard und besserem Zugang zu Bildungseinrichtungen auch die Governance verbessern wird? Afrika ist aber nicht nur reich an Bodenschätzen, es hat auch ein enormes Potenzial an agrarischen Produkten. China ist hier bereits eingestiegen und hat riesige Anbauflächen aufgekauft. An sich böte es sich an, dieses Potenzial stärker für die Afrika unmittelbar benachbarten Regionen zu nutzen, also für Europa und den Nahen Osten. Das würde allerdings unter Umständen eine Anpassung der derzeitigen Agrarpolitik der EU erfordern. Das Bildungsniveau der Bevölkerung in Afrika steigt, auch die Mobilität nimmt zu. Wer künftige Migrationsströme aus Afrika vermeiden will, tut gut daran, jetzt in Afrika Beschäftigungsmöglichkeiten zu schaffen, die auch anspruchsvollen Menschen dort eine attraktive Option des Bleibens eröffnen.

Süd- und Mittelamerika standen wie kaum eine andere Überseeregion traditionell im Mittelpunkt des Interesses europäischer Kaufleute und Investoren. Die politischen und wirtschaftlichen Bedingungen haben sich dort in jüngster Zeit eher verschlechtert: Venezuela ist derzeit, obwohl einer der potenziell reichsten Erdölstaaten, ein »Failed State«, Brasilien und Argentinien haben ein riesiges Potenzial, auch wenn sie gegenwärtig kaum aus ihrer Dauerkrise herausfinden. Kolumbien muss mit einer weiterhin prekären Sicherheitslage kämpfen, in Mexiko tobt der Bandenkrieg unvermindert weiter. Trotzdem zeigt sich immer wieder, dass es mit entsprechend umsichtigen Vorbereitungen möglich ist, kleine Stabilitäts- und Wohlstandsinseln zu schaffen. Vor allem Mexiko vermag seine unveränderlichen geopolitischen Vorteile geschickt auszuspielen: Da ist vor allem der unmittelbare Zugang zum nordamerikanischen Markt, der auch durch Trumps Eskapaden nicht ernsthaft gefährdet war. Denn: Mexiko ist nach wie vor der Hauptexporteur von PKW und PKW-Teilen in die USA. Weitere Pluspunkte: der leichte Zugang über See sowohl von Europa wie von Asien aus, ein relativ gut aufgestelltes Bildungssystem, das vor allem zuverlässige Facharbeiter:innen hervorbringt, und eine europäische Sprache, die den kulturellen Zugang erleichtert.

Die Ukraine hat aufgrund der aus Sowjet-Zeiten noch wuchernden Korruption, der Schwäche ihrer politischen Institutionen, organisierter krimineller Strukturen und einer informellen Parallel- beziehungsweise Schattenwirtschaft große interne Probleme. Zugleich besitzt sie eine relativ gut ausgebildete, große Bevölkerung: Mit 42 Millionen Einwohnern ist die Ukraine fast so bevölkerungsreich wie Spanien und deutlich bevölkerungsreicher als Polen. Allerdings bedarf es eines Zusammenwirkens von Politik und privatem Engagement, um das Land zu stabilisieren und den Standort erfolgreich zu nutzen. Hier sind erste Ansätze erkennbar; so gibt es neue Initiativen von westlich orientierten Unternehmen in der Ukraine, die sich um einen engen Austausch mit Deutschland und Europa bemühen, und auf dem Gebiet der Wasserstoffforschung bahnt sich eine deutsch-ukrainische Partnerschaft an.

Bleibt noch eine Region, die nur schwach im Bewusstsein der meisten Deutschen verankert ist: *Zentralasien*. Es ist der natürliche Korridor zwischen Fernost und Europa; es bietet in der Regel zuverlässige Landverbindungen, sollten die Seelinien einmal blockiert sein – auch wenn in Zeiten anhaltender Lieferkrisen dieser Weg etwas mühsamer geworden zu sein scheint. Kasachstan hat unter dem autokratischen, aber aufgeklärten ehemaligen Staatschef Nursultan Nasarbajew den Sprung aus einer prämodernen Nomadenwirtschaft ins 21. Jahrhundert relativ erfolgreich gemeistert. Usbekistan könnte als Baumwolllieferant interessant werden, sollte China ausfallen. Turkmenistan sitzt auf Energieressourcen, die es selbst niemals nutzen kann. Hier laufen seit Jahren Gespräche über eine transkaspische Gas-Pipeline, die bei hinreichender Kosten-Nutzen-Analyse eine willkommene strategische Diversifizierung der Lieferwege fossiler Brennstoffe ermöglichen könnte. Sehr viele Konzerne folgen bereits diesen Diversifizierungsstrategien. So hat der US-amerikanische Computerhersteller Dell seine Produktion von China auf die Philippinen, das Unternehmen HP seine Produktion komplett von China nach Vietnam verlagert. Und Apple ist dabei, Indien als neuen Produktionsstandort zu etablieren. Der amerikanische Finanzdienstleister Citibank zieht sich aus dem Privatkundengeschäft in China zurück und investiert verstärkt in die Vermögensverwaltung in Hongkong. Das sind alles Reaktionen auf den zunehmenden Druck im USA-China-Konflikt – Reaktionen, die auch deutsche Firmen zumindest in Betracht ziehen müssen.

Letztlich muss Deutschland, muss die EU den richtigen Rahmen setzen, damit die europäische Industrie und damit die Grundlage unseres Wohlstands die besten Chancen hat, weltweit erfolgreich zu sein. Dazu noch einmal BDI-Hauptgeschäftsführer Joachim Lang:»Die EU muss ihre geopolitische Handlungsfähigkeit erhöhen und in der Welt präsenter sein. Zentral ist eine umfassende und selbstbewusste EU-Strategie für die globale Schlüsselregion Indo-Pazifik. Wir müssen im Systemwettbewerb mit China unsere Agenda eng mit gleichgesinnten Partnern wie den USA oder Japan abstimmen.«

Kapitel 6

NACHHALTIGKEIT UND VERANTWORTLICHES SOZIALES HANDELN ALS WETTBEWERBSVORTEIL

Von Autoschlüsseln, Zwangsarbeitern und »weißen« Marken

Am 28. Mai 2021 wurden in Emden 400 Schlüssel gestohlen. Wie die örtliche Polizei berichtete, seien 15 Greenpeace-Aktivist:innen über einen Zaun geklettert und hätten aus Neufahrzeugen die Schlüssel entwendet. Emden ist nicht nur die größte Stadt Ostfrieslands, es ist auch der Verladehafen für Fahrzeuge, unter anderem der Marke VW – oder wie es Greenpeace formuliert: »Dieser Hafen ist ein Schauplatz der Scheinheiligkeit von Volkswagen.«

Als weltweit zweitgrößter Autobauer entscheide VW mit seiner Modellpolitik »maßgeblich über den globalen CO_2-Ausstoß im Verkehr«, sagte Greenpeace-Verkehrsexperte Benjamin Stephan im Norddeutschen Rundfunk. Die Autos, so Stephan, die pro Jahr in Emden verladen würden, hinterließen einen ebenso großen ökologischen Fußabdruck wie die gesamte Schweiz. Der Schlüsseldiebstahl sollte die Autos fahruntauglich machen – jedenfalls symbolisch. Um seiner Klimaverantwortung gerecht zu werden, müsse Volkswagen aufhören, weitere Diesel und Benziner zu entwickeln und in alle Welt zu verkaufen. Greenpeace kündigte zudem im Netz an, die geklauten Schlüssel an einen »Ort der Klimazerstörung« zu bringen.

Welcher Ort gemeint war, wurde dann im Laufe des Tages klar: Greenpeace meldete sich mit einem Video von der Zugspitze, dem höchsten Berg Deutschlands. Zu sehen war eine junge Aktivistin, die auf die geklauten Schlüssel deutete und davon sprach, dass es Gletscher wie jenen der Zugspitze bald nicht mehr geben werde, unter anderem eben wegen Klimasündern wie Volkswagen. Wenn man die Schlüssel zurückhaben wolle, und nun waren ihre Worte direkt an die Führungsetage von Volkswagen gerichtet, müsse man nur auf die Zugspitze kommen; der CEO von VW, Herbert Diess, sei herzlich eingeladen.

Die Zeichen der Zeit erkannt

Nun, Volkswagen ist längst dabei, sich vom Verbrennungsmotor zu verabschieden. Als erster Autohersteller überhaupt investiert man in Windkraft- und Solaranlagen und hat in Salzgitter ein Werk aufgebaut, um eine neue leistungsstarke und umweltgerechte Batterie für E-Autos zu entwickeln. Wie keine andere deutsche Automarke haben sich die Wolfsburger früh positioniert und forcieren inzwischen unzweideutig den Umstieg auf die Elektromobilität. Mitte des Jahrzehnts soll der letzte Verbrenner vom Band laufen. Eigentlich haben sie die Zeichen der Zeit erkannt. Doch nun standen sie im Mittelpunkt einer Greenpeace-Aktion. Und reagierten mit moderner Kommunikation.

VW-Markenchef Ralf Brandstätter schrieb auf LinkedIn: »Ohne Reibung kein Fortschritt« und äußerte Verständnis dafür, dass »vielen der Wandel nicht schnell genug geht«. Die

Gesellschaft brauche kritische Stimmen.»Nicht zuletzt die Fridays-for-Future-Bewegung hat für große Dynamik beim Klimaschutz gesorgt.« Herbert Diess, der VW-CEO, antwortete via Twitter auf das Greenpeace-Video:»Gerne Zugspitze, heute schaffe ich es aber nicht mehr – möchte nicht den Flieger nutzen. Demnächst bei gutem Wetter?«

Diese kurze Episode zeigt, was ESG für Unternehmen auch und vor allem bedeutet: eine neue Form der Kommunikation – und zwar mit den verschiedensten Stakeholdern, und das sind inzwischen weit mehr als nur die klassischen Shareholder. Politik und Regierung, Bürger:innen in ihren verschiedenen Rollen – als Konsument:innen, als Influencer:innen, organisiert in NGOs –, das sind inzwischen neben dem Kapitalmarkt entscheidende Stakeholder:innen für Unternehmen geworden. Letztlich waren sie das schon immer, aber aufgrund der sozialen Medien und aufgrund der völlig neuen Bedeutung von ESG sind sie elementar wichtig geworden für den Unternehmenserfolg oder eben -misserfolg. Und mit diesen neuen Gruppen ist zu kommunizieren – mehr, anders und auf ganz verschiedenen Kanälen. Herbert Diess, der auf sozialen Netzwerken sehr aktiv ist, demonstriert hier, wie diese neue Kommunikation aussieht.

Teil der Lösung? Oder Teil des Problems?

ESG steht für Nachhaltigkeit in den Bereichen Environment (Umwelt – also zum Beispiel CO_2-Fußabdruck, aber auch das Thema Abfall gehört dazu), Social (Gesellschaft – dazu gehören Arbeitnehmerrechte, aber auch deutlich breitere Themen wie Diversität) und Governance (verantwortungsbewusste Unternehmensführung – also Aufsichtsstrukturen, Compliance, aber auch die Frage, wie Zulieferer die Menschenrechte einhalten). Die immer intensiver geführte ESG-Debatte knüpft zum Teil an die 30 Jahre alte Debatte um Corporate Social Responsibility (CSR) an, geht aber weit darüber hinaus. ESG-Kriterien oder die in Kapitel 1 schon erwähnte Taxonomie bilden den Rahmen dafür, wie Unternehmen mit diesen Themen umgehen.

Sie spielen auch bei Investitionsentscheidungen eine immer größere Rolle, doch nicht nur da. Von Unternehmen wird immer mehr erwartet, dass sie sich aktiv gegen Missstände in der Welt einsetzen, wenn sie ihre Glaubwürdigkeit und Reputation und damit ihre Kund:innen behalten möchten – und vor allem auch, wenn sie Talente überzeugen und Mitarbeiter:innen halten wollen. Der Druck von außen, sprich vom Kapitalmarkt, und auch der Druck einer selbstbewussten Belegschaft kann so groß werden, dass Unternehmen gezwungen sind, zu handeln und einen positiven Beitrag für die Welt zu leisten. Unternehmen haben letztendlich die Wahl: Entweder sie sind Teil der Lösung oder sie bleiben Teil des Problems.

»Von den Nazis gegründet«

Doch so schnell, wie man Teil der Lösung war, so rasch kann man erneut Teil des Problems werden. Auf die Frage, ob uigurische Zwangsarbeiter:innen in China eingesetzt werden dürfen und welche ethisch-moralischen Konsequenzen sich daraus für Unternehmen ergeben, die Produkte aus diesen Lagern beziehen oder mit China Geschäfte machen, antwortete VW eher ausweichend. Der britische Oxford-Historiker Timothy Garton Ash, Karlspreisträger und profunder Kenner der deutschen Geschichte, hatte in einem Gastbeitrag in der *Welt am Sonntag* das Verhalten des VW-Konzerns kritisiert. Ash nahm darin ausdrücklich zu VW Stellung – was für einen der wichtigsten Zeithistoriker Europas ungewöhnlich genug ist – und stellte heraus, dass der Fall insbesondere deshalb so heikel sei, »weil Volkswagen ursprünglich von den Nazis gegründet wurde und der Einsatz von Zwangsarbeitern während des Dritten Reichs im damaligen Werk von deutschen Historikern ausführlich dokumentiert wurde«.

Ash verwies auf eine Äußerung der Präsidentin des Board of Deputies of British Jews, der wichtigsten jüdischen Organisation Großbritanniens. »Als Gemeinschaft sind wir immer außerordentlich zurückhaltend, wenn es um Vergleiche mit dem Holocaust geht«, schrieb Marie van der Zyl in einem Brief an den britischen Premierminister. Doch gebe es Ähnlichkeiten zwischen dem, was aus China berichtet werde, und dem, was in den 30er- und 40er-Jahren in Nazideutschland geschehen sei. Die Verletzung der Menschenrechte der Uiguren entwickele sich zum »größten Skandal unserer Zeit«. Nach Ansicht von Ash habe sich VW »selbst in eine Zwickmühle manövriert und steckt zwischen einem unnachgiebigen Xi Jinping und einer zunehmend empörten westlichen Öffentlichkeit fest«. Das Ergebnis könne, so Ash, ein moralischer Autounfall sein. Oder mehr als das. Es braucht wenig Fantasie, um sich auszumalen, dass ESG-orientierte Anleger:innen Menschenrechtsverletzungen in China auf der Hauptversammlung ansprechen – oder ihre Investitionen vom Umgang mit dieser heiklen Frage abhängig machen.

Wie schnell ein Problem unübersichtlich werden kann, zeigt auch das folgende Beispiel aus den Niederlanden. Im Mai 2021 jubelten vor der Tür des Bezirksgerichts in Den Haag die Klimaschützer:innen. Sie hatten gegen den Ölkonzern Shell einen historischen Sieg errungen. Nach dem Urteil der Richter:innen muss Royal Dutch Shell als Konzernmutter dafür sorgen, dass die Treibhausgasemissionen der gesamten Shell-Gruppe bis 2030 deutlich reduziert werden – und zwar um 45 Prozent im Vergleich zu 2019. Die Richter in Den Haag, das als Gerichtsort gewählt wurde, weil Shell dort seinen Hauptsitz hat, forderten den Konzern dazu auf, seinen Beitrag »im Kampf gegen gefährlichen Klimawandel« zu leisten. Denn das Unternehmen, so die Richter:innen, trage mit seinem Geschäft zu den »schlimmen« Folgen des Klimawandels für die Bevölkerung bei und sei »verantwortlich« für enorme Mengen an ausgestoßenen Treibhausgasen.

Das Urteil steht tatsächlich für eine Zeitenwende: Es ist das erste Mal, dass private Kläger:innen auf dem Zivilrechtsweg die Verpflichtung eines Unternehmens zur Reduzierung von Treibhausgasen erwirkt haben. Im Jahr 2019 hatten sieben Umweltorganisationen, darunter auch Greenpeace, Klage gegen Shell eingereicht, unterstützt von mehr als 17 000 Bürger:innen. Die Umweltschützer:innen warfen dem Unternehmen vor, pro Jahr etwa neunmal mehr CO_2 zu emittieren als die kompletten Niederlande. Im Mai 2021 hatten sie recht bekommen. Eine Berufung vonseiten des Konzerns wurde abgewiesen, die Richter:innen machten deutlich, dass ihr Urteil ab sofort gelte – und zwar nicht nur für den Mutterkonzern, sondern auch für Zulieferfirmen und Endabnehmer von Shell.

Das zeigt: Es gibt Druck von außen, von der Belegschaft, von den Anlegern, den Investoren – und eben auch von NGOs, Umweltschützer:innen und Aktivist:innen, die verstärkt und auch juristisch gegen Unternehmen vorgehen. Und selbst wenn ein Verfahren zu Ungunsten der Kläger:innen ausgeht, reicht oft die mediale Berichterstattung und die zum Teil globale Aufmerksamkeit, die solche Verfahren mit sich bringen, um genügend Druck auf die Konzerne auszuüben – und Gesetzgebungsverfahren in nationalen Parlamenten zu beschleunigen.

Genau darin sehen manche jedoch eine Gefahr. Kritiker:innen äußerten Bedenken, da das Gericht mit dem Urteil faktisch Klimapolitik betreibe. Wer aber habe die Richter:innen dazu legitimiert?»In Demokratien sollten solche weitreichenden Entscheidungen von gewählten Abgeordneten getroffen werden«, so ein Kommentar in der *FAZ*. Es sei unstrittig, dass fossile Brennstoffe, die Unternehmen wie Shell vermarkten,»für den Löwenanteil der globalen CO_2-Emissionen verantwortlich« seien, aber, so das Blatt,»auch Klimaschutzmaßnahmen müssen demokratisch beschlossen werden«. Dieser Aspekt droht untergehen, einerseits. Andererseits wird durch solche Urteile ein öffentlicher Druck aufgebaut, auf den Parlamente reagieren müssen.

Ein schwerer, juristischer Eingriff in die Klimapolitik vollzog sich im Frühjahr 2021 auch in Deutschland. Nach einem Urteil des Bundesverfassungsgerichts muss der Bundestag nun bis Ende 2022 einen Plan verabschieden, um die Treibhausgase über 2030 hinaus zu senken, damit die Erderwärmung unter dem Wert von zwei Grad Celsius gehalten werden kann. Damit gab Karlsruhe einer Gruppe von Kläger:innen recht, die argumentieren, Deutschlands Klimaziele ab 2030 seien zu wenig ambitioniert und belasteten dadurch die jüngere Generation. Die Last der Emissionsminderung, so die Urteilsbegründung, sei »unumkehrbar auf Zeiträume nach 2030 verschoben«. Dieses Urteil hatte massive Folgen: Deutschland verschärfte daraufhin seine Klimaziele und will nun bereits bis 2045 CO_2-Neutralität erreichen.

Das Urteil des Bundesverfassungsgerichts ist insofern historisch, als dass Klimaschutz nun als Grundrecht definiert wird und klargestellt wurde, dass der Staat die Lasten des Klimawandels nicht unnötig auf zukünftige Generationen verschieben darf. Freiheit bedeute, die zukünftigen Generationen nicht zu schädigen, heißt es seitens des obersten deutschen Gerichts, das unter anderem das Vorsorgeprinzip des Staates laut Grundgesetz Artikel 20a anführte. Auch in diesem Fall reagierte das Parlament, auch in diesem Fall haben Klimaaktivist:innen recht bekommen. Und genau das sollten Unternehmen sehr genau beachten.

Welches Risiko »ein bisschen Lärm« bedeutet

Für viele ist das ein völlig neuer Blick auf Risiken. Risikomanagement dreht sich meist um Fragen wie: Was machen wir, wenn Rohstoff X ausfällt? Wie reagieren wir auf Ernteausfälle? In Zukunft könnten auch Fragen wie folgende relevant werden: Was passiert, wenn eine Führungskraft Rassismus relativiert? So geschehen im Sommer 2020 – mit Folgen für einen weltweit führenden Sportartikelhersteller. Eine leitende Mitarbeiterin hatte mit einem flapsigen Spruch ihren Arbeitgeber einem Sperrfeuer an Kritik ausgesetzt. Nach dem Mord an George Floyd im amerikanischen Minneapolis wenige Wochen zuvor war die Stimmung ohnehin aufgeheizt; es kam zu Ausschreitungen in den USA, schwere Unruhen drohten, die Black-Lives-Matter-Bewegung erfasste nicht nur die USA, sondern nahezu den gesamten Planeten, trotz Corona-Pandemie fanden an vielen Orten in der Welt Demonstrationen statt. Und mitten in dieser Atmosphäre soll Karen Perkin, damals Personalchefin bei Adidas, in einem internen Meeting gesagt haben, Rassismus sei lediglich »Lärm«, der nur in den USA diskutiert werde.

Nur ein bisschen »Lärm«. Ein Spruch, einfach so dahingesagt, in einem internen Meeting unter Kolleg:innen. Tatsächlich hat diese flapsige Bemerkung die Runde gemacht, denn jemand trug den Satz nach außen. Er sorgte für großen Unmut, nicht nur bei schwarzen Mitarbeiter:innen von Adidas, sondern bei der schwarzen Bevölkerung insgesamt. Durch sämtliche Medien wucherten Vermutungen und Verallgemeinerungen, im betroffenen Unternehmen herrsche eine rassistische Voreingenommenheit. Für ein führendes Unternehmen aus Deutschland, einem Land, das weltweit immer noch stark mit der Rassenpolitik und dem Holocaust der Nazis assoziiert wird, war dies ein schwerwiegender Ausrutscher.

Plötzlich war Adidas eine »weiße« Marke.

Der Spruch wanderte durch die Medien, verkürzt und verknappt, er ließ Adidas wie ein rassistisches Unternehmen erscheinen, und das wurde rasch zu einem massiven Problem. Obwohl es keine offizielle Verlautbarung war, obwohl die Richtigkeit des Zitats nicht nachgeprüft werden konnte, obwohl es unter Umständen sogar anders gemeint war, musste Adidas handeln. Es stand richtig viel auf dem Spiel, zu viel. Perkin hat sich entschuldigt, ihren Job gekündigt, der Ansehensverlust konnte halbwegs eingehegt werden. Aber erneut zeigte sich, wie schmal der Grat ist, auf dem Unternehmen heute wandeln.

Es sind diese vermeintlichen Nebengeräusche, die plötzlich toxisch werden können. Und die Situation der Uiguren ist ein auch für deutsche Unternehmen durchaus schwieriges Beispiel. Nach einem Gutachten des Wissenschaftlichen Dienstes des Bundestags aus dem Frühjahr 2021 profitieren auch nichtchinesische Unternehmen direkt oder indirekt von der Ausbeutung ethnischer Minderheiten in Xinjiang. Und darunter eben auch deutsche Firmen. Dieser Verantwortung können sich Unternehmen nicht einfach entziehen, ganz gleich, wie präzise ein mögliches Lieferkettengesetz die Einhaltung von Menschenrechten bei Zulieferfirmen zukünftig regeln wird. Der Schaden, der dadurch entsteht, einerseits von Verantwortung zu sprechen, auf der anderen Seite aber Zwangsarbeit zu unterstützen, dürfte den meisten Firmen im heutigen global vernetzten Kommunikationszeitalter massiv schaden.

Es genügt, dass in den sozialen Medien der Vorwurf aufgegriffen wird, ein bestimmtes Unternehmen beschäftigte Zwangsarbeiter. Der Vorwurf wird zugespitzt formuliert, vielleicht garniert mit einem KZ-Vergleich (im Internet gelten eigene Geschmacksregeln), und rückt das Unternehmen mit ein paar Worten in die Ecke von Faschisten. Das geht ganz schnell und der Ansehensverlust ist massiv. Deshalb muss in der Regel schnell gehandelt werden, wie das Beispiel H&M zeigt. Der Bekleidungshersteller hatte im Herbst 2020 verkündet, keine Baumwolle mehr aus der chinesischen Provinz Xinjiang beziehen zu wollen, weil die muslimischen Uiguren von den chinesischen Behörden massiv unterdrückt würden. Man riskierte den Konflikt mit China, beendete die Zusammenarbeit mit einem bis dato wichtigen und sicher auch preislich sehr attraktiven Zulieferbetrieb, um seiner Verantwortung gerecht zu werden – und vor allem, um glaubwürdig zu bleiben.

»Ich unterstütze Xinjiang-Baumwolle«

Für H&M hatte die Entscheidung zur Abkehr von Xinjiang weitreichende Folgen. Im März 2021 wurde in China über die Staatsmedien zum Boykott zahlreicher Firmen aufgerufen. Im Verbund mit chinesischen Prominenten startete China eine Vergeltungskampagne, die auch Hersteller wie Nike, Burberry, Adidas und Tommy Hilfiger betraf – alles Marken, die sich der Better Cotton Initiative (BCI) angeschlossen hatten. Der BCI ist ein gemeinnütziger Verbund, der sich für nachhaltige Baumwollproduktion einsetzt und ebenfalls Kritik an China übt. H&M jedenfalls verschwand innerhalb von 24 Stunden aus der digitalen Welt Chinas. Sowohl online als auch analog konnten keine Produkte von H&M mehr gekauft werden. Läden wurden geschlossen – und man begann, heimische Hersteller anzupreisen und dafür zu loben, dass sie Baumwolle aus Xinjiang verwenden. Der Hashtag »Ich unterstütze Xinjiang-Baumwolle« beherrschte das chinesische Web; die Aktien von H&M, Adidas und Nike fielen. Im Juni 2021 beschloss China darüber hinaus das schon erwähnte Anti-Sanktionsgesetz, auf dessen Grundlage künftig jedes Individuum und jedes Unternehmen, das gegen China gerichtete Sanktionen umsetzt, rechtlich belangt werden kann. Im Fall der Uiguren würde das bedeuten, dass Unternehmen, die sich an EU-Menschenrechtsstandards halten, automatisch Rechtsbruch in China begehen – mit unabsehbaren ökonomischen Folgeschäden.

Auch deshalb müssen Unternehmen die Lieferkette im Blick haben – und zwar sehr genau. Gesetzt den Fall, dass wir Baumwolle nutzen, diese aus Xinjiang kommt und aller Wahrscheinlichkeit nach von Zwangsarbeitern geerntet worden ist: Was bedeutet das? Was ist mit dieser Minderheit? Welche Folgen hat das für unser Business? Und vor allem: Wie schnell stehe ich, steht mein Unternehmen am Pranger, weil ein Teil unserer Produktion aus solcher Zwangsarbeit stammen könnte? Hier ist das Risiko für ein deutsches Unternehmen besonders hoch, weil Zwangsarbeit immer noch ein Begriff ist, der weltweit historisch mit Deutschland assoziiert wird.

Dies sind Risiko- und Bedrohungsszenarien, die wir in Kooperation mit den jeweiligen Unternehmen erstellen, und über allem schwebt die Frage: Was könnte alles passieren? Worauf müssen wir noch achten? Aus welcher Ecke kann der Querschläger kommen? Es mag neurotisch klingen, wenn man hinter jeder Hecke eine Gefahr vermutet, doch das ist lediglich der Imperativ einer neuen Weltöffentlichkeit, die über die sozialen Medien hergestellt wird. Wer ein wenig neurotisch ist, ohne dabei durchzudrehen, betreibt daher einfach gutes Risikomanagement, vor allem im Hinblick auf geopolitische Risiken, deren Wucht kaum absehbar ist.

Denn nachhaltigeres Wirtschaften ist ein Schlüsselthema für Unternehmen aller Branchen in Europa und Deutschland. Und ist es heute noch möglich, sich mit Themen wie Diversität und Klimaneutralität vom Wettbewerb abzuheben, wird dies schon bald eine unabdingbare Voraussetzung sein, um im Markt mitzuspielen. Was genau so viel damit zu tun hat, dass Unternehmen grüner werden, wie mit den Kapitalmarktakteur:innen als Treibern des Wandels. Banken und Investmentfonds drängen darauf, dass sich Unternehmen nachhaltig entwickeln. Aber eben nicht nur bezogen auf die Reduzierung von Treibhausgasen. Vielmehr müssen Unternehmen überdenken, wie sie ihre Mitarbeiter:innen, ihre Kund:innen, ihre Lieferketten und die Gesellschaft insgesamt behandeln. Es geht um Vielfalt, um Chancengleichheit und die Bekämpfung von Vorurteilen.

Die Bedeutung des Kapitalmarkts für den Übergang zu einer klimaneutralen Wirtschaft

Der Satz prägt sich ein. Der langjährige CEO des amerikanischen Landmaschinenherstellers AGCO Corporation, Martin Richenhagen, hatte in der Talkshow »Maybrit Illner« gesagt: »Es gibt in Deutschland praktisch keine Partei mehr, die nicht auch grün ist, auch denken die meisten Unternehmen schon heute grüner als die Grünen.« Was nun weniger damit zu tun hat, dass sich Unternehmen reumütig einer Partei unterworfen haben, vielmehr ist es vor allem eine Folge der fundamentalen Umgestaltung der Finanzwirtschaft.

Der Blick ist auf die Investor:innen gerichtet. Sie sind die Treiber des Wandels. Investor:innen drängen darauf, dass sich Unternehmen nachhaltig entwickeln – aber eben nicht nur bezogen auf die Reduzierung von Treibhausgasen. Vielmehr müssen Unternehmen überdenken, wie sie ihre Mitarbeiter:innen, ihre Kund:innen, ihre Lieferketten und die Gesellschaft insgesamt behandeln. Es geht um Vielfalt, um Chancengleichheit und um die Bekämpfung von Vorurteilen.

Waren ESG-Themen lange Zeit eher etwas für engagierte Bürger:innen und NGOs und wurden in Unternehmen oft mit CSR-Initiativen verwechselt, so haben sie in den letzten

Jahren an Bedeutung gewonnen. Sicher auch, weil der Klimawandel inzwischen so spürbar ist, von Waldbränden im Urlaub auf Griechenland bis zu Überflutungen, und so viele Menschen jemanden kennen, der unmittelbar betroffen ist. Von großer Bedeutung ist, dass die Kapitalmärkte schneller reagiert haben als die Politik. ESG gilt inzwischen als ein immer wichtigeres, wenn nicht gar das zentrale Anlagekriterium der großen institutionellen Anleger an der Börse, aber zunehmend auch in der Private-Equity-Branche.

»Es hat den Abschwung abgefedert«

Beschleunigt wurde das »grüne Finanzieren« wie so vieles durch die Corona-Pandemie. In einer weltweiten Umfrage des britischen *Economist* gaben institutionelle Anleger an, dass sie in den nächsten drei bis fünf Jahren eine weitere Zunahme der in nachhaltige Kapitalanlagen fließenden Anlagegelder erwarten. Insgesamt befragte der *Economist* im Auftrag des Schweizer UBS Asset Management 450 institutionelle Investoren. Fast drei Viertel der Antwortenden gaben an, dass ihre ESG-konformen Investments bereits in den drei Jahren vor 2020 eine bessere Performance erzielt haben als vergleichbare traditionelle Investments. Denn, und das ist der entscheidende Punkt: Nach Überzeugung der Anleger eröffnet es Anlagechancen, wenn Unternehmen sich an ESG-Kriterien halten. Das hat nicht zuletzt die Corona-Pandemie gezeigt. Denn oft heißt es sogar: »ESG-Aspekte zu integrieren, hat den Abschwung abgefedert.«

Dabei orientieren sich die großen Anleger und Unternehmen verstärkt an den von der UN im Jahr 2015 definierte 17 Zielen, den sogenannten Social Development Goals (SDG), die die Richtschnur für die Jahre bis 2030 vorgeben. Und allein elf dieser Ziele widmen sich der Stärkung sozialer Belange, dem sogenannten Social Empowerment. Man kann es auch so sagen: Wer diese außer Acht lässt, wird es sehr schwer haben. Das zeigt der Blick nach Skandinavien.

»Wir werden das noch ausbauen!«

Der norwegische Staatsfonds Oljefondet gehört zu den wichtigsten Investoren weltweit. Mit mehr als einer Billion Euro Vermögen ist der Fonds der größte Staatsfonds der Welt und Teilhaber nahezu aller wichtiger börsennotierter Unternehmen weltweit. Dass Nachhaltigkeit ein großes Thema für den Fonds ist, war bekannt. Im Frühjahr 2021 wurde publik, welche Anforderungen er an die Vielfalt und Geschlechtergleichheit in Unternehmen, die in seinem Portfolio vertreten sind, stellt. So muss gewährleistet sein, dass eine große Bandbreite an Sichtweisen und Meinungen in die Entscheidungen dieser Unternehmen einfließen.

Zum Beispiel müsse ein Aufsichtsrat immer eine Vielfalt an Kompetenzen und Hintergründen repräsentieren. Und was die Geschlechterverteilung betrifft, so sollte keines der beiden Geschlechter weniger als 30 Prozent der Mandate innehaben. Aufsichtsräte, bei denen eines der Geschlechter auf eine geringere Quote komme, sollten sich zum Ziel setzen, dies zu ändern, heißt es. Und wie gesagt, das sind keine Forderungen des Kreisverbands der Grünen in Berlin-Schöneberg – sondern klar formulierte Kriterien des größten Staatsfonds der Welt. Der neue Chef des Fonds, Nicolai Tangen, legt weiter nach: Laut *Manager Magazin* hat der Fonds im Jahr 2021 bereits Aktien von problematischen Unternehmen in Bezug auf Umwelt-, Sozial- und Governance-Aspekte, also eben jenen ESG-Aspekten, verkauft. Und dann sagte Tangen noch: »Ich denke, wir werden das in Zukunft ausbauen.«

EQT, eine große Private-Equity-Firma mit Hauptsitz in Stockholm, ist da schon einen Schritt weiter. Als erste Beteiligungsgesellschaft weltweit hat sie im Oktober 2021 angekündigt, alle Unternehmen im Portfolio auf wissenschaftlich fundierte Business-Ziele zu verpflichten, um das 1,5-Grad-Ziel des Pariser Abkommens zu erreichen.

»Wichtigste Politik-Initiative«

Die Politik und insbesondere die EU-Kommission hat die Bedeutung des Kapitalmarktes für die Transformation der europäischen Industrie in Richtung CO_2-freier Produktion erkannt. Seit 2018 arbeitet die EU im Rahmen des EU-Aktionsplans »Financing Sustainable Growth« daran, Standards zu setzen, um zu klären, was nachhaltige oder grüne Anlagemöglichkeiten sind. Dazu muss in erster Linie Nachhaltigkeit messbar gemacht und somit auch die Möglichkeit geschaffen werden, entsprechende Finanzprodukte zu vergleichen. Um das präzise zu definieren, hat die EU-Kommission ein Klassifikationssystem entwickelt, das ab Januar 2022 gelten soll, die sogenannte Taxonomie – wir haben sie eingangs schon kurz erwähnt.

Diese Taxonomie enthält detaillierte Kriterien für mit ihr kompatible Wirtschaftstätigkeiten im Zusammenhang mit dem Klimaschutz und der Anpassung an den Klimawandel. Ihr Ziel ist es, bis 2030 jährlich 180 Milliarden Euro in nachhaltige Geldanlagen umzulenken. Zusätzlich geht es darum, ESG-Faktoren als Standard im Risikomanagement zu verankern sowie Transparenz und Langfristigkeit am Kapitalmarkt zu fördern.

Das Kriterium der Nachhaltigkeit ist dabei eng an die sechs EU-Umweltziele geknüpft:

- Klimaschutz,
- Anpassung an den Klimawandel,
- nachhaltige Nutzung und Schutz der Wasser- und Meeresressourcen,
- Übergang zu einer Kreislaufwirtschaft,
- Vermeidung und Verminderung von Umweltverschmutzung,
- Schutz und Wiederherstellung der biologischen Vielfalt und der Ökosysteme.

Damit eine ökonomische Tätigkeit als nachhaltig gelten kann, muss sie vier Kriterien erfüllen:

- Sie leistet einen substanziellen Beitrag zu mindestens einem der Umweltziele.
- Sie fügt keinem der anderen Umweltziele erheblichen Schaden zu.
- Sie steht im Einklang mit Mindestanforderungen in den Bereichen Arbeitsstandards und Menschenrechte.
- Sie erfüllt die durch die EU-Kommission vorgegebenen technischen Bewertungskriterien – das sind quantitative und qualitative Kriterien wie etwa Schwellenwerte, anhand derer die ökologische Nachhaltigkeit von Aktivitäten festgelegt wird.

Mithilfe der Taxonomie können zum einen wirtschaftliche Tätigkeiten als nachhaltig eingestuft werden, insbesondere die emissionsfreie Energieerzeugung, die unmittelbar zur Erfüllung von EU-Umweltzielen beiträgt. Zum anderen hat die EU die Kategorien »Enabling«- und »Transition«-Aktivitäten eingeführt: Enabling-Aktivitäten unterstützen bei der Erreichung eines der Umweltziele. Ein Beispiel sind Datenservices zur Optimierung der Steuerung erneuerbarer Energiequellen und Netze. Für diese Kategorie gelten strenge Zusatzanforderungen.

Bei Transition-Aktivitäten handelt es sich um Tätigkeiten, für die es bisher noch keine CO_2-arme Alternative gibt, die aber den Übergang in eine klimaneutrale Wirtschaft unterstützen. In dieser Kategorie werden nur Tätigkeiten anerkannt, die auf das Umweltziel »Klimaschutz« hinwirken. Auch hier gelten strenge Zusatzanforderungen. Kurz gesagt: Mithilfe der Taxonomie wird die Investitionsattraktivität von Unternehmen standardmäßig anhand der Nachhaltigkeit ihrer Aktivitäten bewertet. Der EU-Vizepräsident Vladis Dombrovkis bezeichnete die Taxonomie daher schon 2019 als »die wichtigste Politik-Initiative« der kommenden EU-Legislatur.

Im Bereich der Politik ist ohnehin zu erwarten, dass gesetzliche Vorgaben und klimabezogene Regulierungen zunehmen werden, etwa beim Preis pro emittierter Tonne CO_2. In Deutschland wurden bereits im Frühjahr 2021, auch auf Druck des Verfassungsgerichts und wegen neuer EU-Vorgaben, die Klimaziele deutlich erhöht. Bis 2030 will man nun 65 Prozent weniger Treibhausgase ausstoßen als 1990. Zuvor lag dieses Ziel bei 55 Prozent. Um das zu erreichen, werden vermutlich noch drastischere Maßnahmen folgen müssen. Nicht auszuschließen ist beispielsweise, dass Subventionen im Energie- und Verkehrssektor gekürzt oder gestrichen werden. Bislang wird der Verkehrssektor in Deutschland laut

Bundesumweltamt mit 30,8 Milliarden Euro, der Energie-sektor mit 25,4 Milliarden und das Bau- und Wohnungswe-sen mit 3,0 Milliarden Euro pro Jahr subventioniert. In einem Wegfall dieser Subventionen, vor allem im Energiebereich, se-hen Klimaschützer ein hohes Klimaschutzpotenzial.

Wer baut noch ein Werk für Verbrennungsmotoren?

Sicher ist auch: Es wird keinen Weg zurück geben. Die EU-Taxonomie werde ein Erfolg, sagt RWE-CEO Markus Krebber im Interview mit dem Berliner *Tagesspiegel.* »Sie wird sich durchsetzen, und zwar auf ganzer Linie. Natürlich können die Asset-Manager frei entscheiden, ob sie sich der EU-Taxo-nomie anpassen. Ich beobachte, dass schon heute kaum noch Mittel in Europa für nichttransformative Investitionen bereit-gestellt werden.« Krebber war bereits im Sommer 2021 da-von überzeugt, dass die Taxonomie ihre volle Wirkung entfal-ten wird. »Meinen Sie, ein einziger Automobilhersteller baut noch ein neues Werk für fossile Verbrennungsmotoren? Mei-nen Sie, ein Kohlekraftwerk wird noch neu geplant und dann gebaut in Europa? Daran glaube ich nicht. Es wird schnel-ler gehen, als viele derzeit meinen. Für bestimmte Investi-tionen wird einfach gar kein Geld mehr zur Verfügung ste-hen, zumindest kein Kapital des regulierten Kapitalmarkts.« Krebbers Ansicht nach richtet sich der Blick bei der Bewer-tung unternehmerischer Nachhaltigkeit vor allem auf die Investitionen. Er kündigt an, dass RWE »ab sofort ausschließ-lich grüne Anleihen emittieren wird«. Übrigens geht auch die Deutsche Bank in einer Schätzung von 2021 davon aus, dass 2030 rund 95 Prozent der global gemanagten Assets »ESG-Kriterien auf die eine oder andere Art entsprechen werden«.

Die bedeutendsten Investor:innen der Welt haben diesen Wandel längst eingeleitet. So hat Larry Fink, Chef der US-Investmentfirma Blackrock, des mit Anlagegeldern in Höhe von 8,7 Billionen US-Dollar größten Vermögensverwalters der Welt, Anfang 2021 eine grüne Devise für die nächsten Jahre ausgegeben:»Für die Wachstumsaussichten eines jeden Unternehmens wird die Energiewende von zentraler Bedeutung sein«, schrieb Fink in seinem Jahresbriefing für 2021.»Wir rufen Unternehmen daher dazu auf, einen Plan vorzulegen, aus dem hervorgeht, wie sie ihr Geschäftsmodell an eine klimaneutrale Wirtschaft anpassen wollen.« Ziel scheint es auch für Blackrock zu sein, bis 2050 eine globale Klimaneutralität erreichen zu können, oder wie es Fink ausdrückte:»Mit einer Reihe von Maßnahmen wollen wir unseren Anlegern helfen, ihre Portfolios auf eine klimaneutrale Welt vorzubereiten und die Chancen zu nutzen, die dieser Übergang bereithält.«

Wenn Firmen wie Blackrock dieses Signal senden, wenn nicht mehr in fossile Brennstoffe investiert wird, können nachhaltig orientierte Investor:innen am Aktienmarkt mit einem Renditeplus rechnen. Blackrock ist inzwischen auch ein Vorreiter beim Thema Diversität und Frauenförderung: Unternehmen müssten das»gesamte Spektrum an Talenten« nutzen, ansonsten schwächten sie sich selbst. Es brauche Vielfalt, nicht nur um Talente zu fördern, sondern auch um Bedürfnisse von Kunden besser abdecken zu können. Mit dieser Einstellung steht der Investor nicht allein. Die Unternehmenswelt verspürt zunehmend Druck von der Kapitalseite, weil Investor:innen sehr genau hinschauen, wie ernst es den Unternehmen mit Themen wie Frauenförderung und Diversität ist – neben Klimaschutz und guter Führung. Diversitätssteigerung und Gleichstellung von Frauen sind inzwischen strategische Aufgaben geworden.

Die grüne »Equity Story« – und neue Geschäftsmodelle

»Der ESG-Zug ist nun endlich aus dem Bahnhof und nichts wird ihn stoppen«, so Lutz Diederichs, Deutschland-Chef der europäischen Großbank BNP Paribas. BNP Paribas hat schon 2017 als erste Bank angekündigt, auf die Finanzierung von Projekten in Verbindung mit Kohleverstromung zu verzichten. Die Bank UniCredit will bereits bis 2023 vollständig aus Kohlekraftwerksprojekten aussteigen. Auch Investitionen in die Gasförderung in Alaska, in Fracking oder in die Schieferölförderung werden immer fraglicher, sind kaum noch tragbar. Für uns steht fest: Kein Unternehmen kann es sich in den 2020er-Jahren noch leisten, die immer höheren Erwartungen der Kapitalmärkte, von Gesellschaft und Politik in puncto ESG-Management zu ignorieren, wenn es mittelfristig noch existieren will.

Für Unternehmen bedeutet das eine Neujustierung des Geschäftsmodells über die gesamte Wertschöpfungskette hinweg. Benötigt wird eine ganzheitliche Strategie zur nachhaltigen Ausrichtung des Geschäftsmodells (z. B. »emissionsfrei bis 2030«), die regulatorische Neuerungen berücksichtigt (z. B. EU-Taxonomie, EGS-Regulierung in den USA und anderen G20-Ländern), sowie eine grüne »Equity Story« (also eine Argumentationslinie gegenüber potenziellen Investoren), die alle Stakeholder:innen im Blick hat. Hierzu ist es notwendig, sich in der Tiefe mit den immer präziseren Forderungen der großen Kapitalsammelstellen und institutionellen Investoren, mit den Regulierungsvorhaben der Politik sowie den Interessen von NGOs und Bürger:innen auseinanderzusetzen.

Die strategische Ausrichtung eines Unternehmens an ESG-Nachhaltigkeitskriterien dient letztlich – auch wenn es pathetisch klingt – dem Schutz und Erhalt unseres Planeten und ist grundlegend für die Lebensbedingungen unserer Kinder. Es geht darum, Existenzbedingungen von Menschen, Tieren, Pflanzen und unserer gesamten Umwelt langfristig zu sichern. Klima- und Umweltschutz liegen deshalb auch im strategischen Interesse jedes gewinnorientierten Unternehmens – in Deutschland wie auf der gesamten Welt.

Mehr Sinn – mehr Gewinn

Diejenigen Unternehmen, die nicht nur den notwendigen »Muskel« entwickelt haben, um mit ESG-Themen kraftvoll umzugehen, sie in den Kern ihres Geschäfts zu integrieren und damit auch Gewinne zu erzielen, sondern die darüber hinaus erkennen, welche ESG-Themen gerade Bedeutung erlangen, haben eine klare Möglichkeit der Differenzierung. Wenn ein Unternehmen ESG ernst nimmt, eröffnen sich ihm neue Chancen. Man erscheint nicht nur als »bessere«, ethisch orientierte Firma, sondern kann mit Nachhaltigkeit auch Profite erzielen. Wenn ein Unternehmen, beispielsweise aus der Medizinbranche, sich dem Ziel »Wir wollen Menschenleben retten« verschreibt anstelle von »Wir wollen unsere Shareholder:innen zufriedenstellen«, ist es offener für Innovation, wacher für den neuesten Trend in der jeweiligen Branche und kann sich im besten Fall an die Spitze der Bewegung setzen.

Wer beispielsweise früh erkannt hätte, welche Dynamik Bewegungen wie Black Lives Matter entfalten, hätte frühzeitig handeln können – und sich entsprechend positionieren können. Wie viel Geld und Zeit mangelnde Sensibilität kosten kann, hat Adidas-CEO Kasper Rorsted erlebt, als er viel Geld für PR-Maßnahmen weltweit ausgeben musste, um die weiter vorne beschriebene, diskreditierende Äußerung einer Adidas-Mitarbeiterin zu Black Lives Matter auszubügeln. Adidas sah sich jedenfalls gezwungen, in einer global angelegten Kommunikationskampagne darzulegen, dass es keine Unterschiede zwischen verschiedenen Volksgruppen macht und für volle Gleichbehandlung steht.

ESG wird nicht mehr von der Tagesordnung verschwinden. Die Frage lautet nur, welches die nächsten Themen sein werden. Mit Sicherheit wird das Thema Digitale Ethik, also die Zusammenführung von Digitalisierung und ESG, ins Zentrum rücken. Dabei geht es um die Frage, wie Algorithmen aufgebaut sind, welche Daten zu deren Trainieren verwendet werden, welche Prozessstandards zu beachten sind. Sarah Spiekermann, Professorin an der renommierten Eidgenössischen Technischen Hochschule (ETH) in Zürich, hat beispielsweise zusammen mit anderen den neuen Industriestandard IEEE 7000 erarbeitet. Dieser macht im Hinblick auf Digitale Ethik konkrete Prozessvorgaben, wie wir sie für andere Produkte kennen, die dann in Zertifizierungen münden und den Käufern und Anwendern Sicherheit geben.

Eine grundsätzliche Haltungsänderung

Wir haben weiter oben den Fall des Bekleidungsherstellers H&M geschildert, der sich gegen einen weiteren Bezug von chinesischer Baumwolle aus Xinjiang entschieden hat – mit allen Nachteilen, die dem Unternehmen daraus erwuchsen. Doch auch die gegenteilige Entscheidung geht für die betroffenen Firmen nicht unbedingt gut aus: Im Juli 2021 leitete die französische Staatsanwaltschaft ein vorläufiges Untersuchungsverfahren gegen vier milliardenschwere Textilunternehmen ein. Den Firmen, darunter die japanische Marke Uniqlo und die spanische Inditex-Gruppe (Zara u. a.), wird vorgeworfen, an der Unterdrückung von Uiguren in China beteiligt zu sein oder zumindest davon zu profitieren – denn chinesische Zulieferfirmen beschäftigten uigurische Zwangsarbeiter:innen oder verarbeiteten Baumwolle, zu deren Ernte Zwangsarbeiter eingesetzt würden. Die Ermittlungen leitet die Abteilung für Terrorismusbekämpfung, die auch für Fälle von Verbrechen gegen die Menschlichkeit zuständig ist. Auch hier wurden die Firmen von verschiedenen Nichtregierungsorganisationen und Menschenrechtsgruppierungen angezeigt.

Diese Entwicklung sollten global agierende Unternehmen sehr ernst nehmen – und sehr genau abwägen, welche unternehmerischen Entscheidungen mit ESG-Kriterien kompatibel sind und welche nicht. Denn es sei keinesfalls ein auf die Energie- oder Textilbranche beschränktes Problem, sagt der Jurist und Experte für Gesellschaftsrecht, Christoph Seibt: »Die entscheidende Frage, die gerade alle umtreibt, lautet: Welche Industrie ist die nächste, die mit Klagen und Verwaltungsverfahren zu rechnen hat?« Ist es die Automobilindustrie? Die Nahrungsmittelindustrie? Die Landwirtschaft?

Bußgeld: 2 Prozent des Jahresumsatzes

Seibt warnt Firmen mit klaren Worten davor, leichtfertig auf diese Entwicklung zu reagieren: »Wer die Erwartungen von Eigentümern, Investoren, Führungskräften, Belegschaft oder

der Öffentlichkeit verfehlt und sich zum Beispiel von Partnern in politisch umstrittenen Regionen beliefern lässt, riskiert finanziell spürbaren Reputationsschaden und Nachteile am Kapital- und allgemeinen Finanzierungsmarkt.« Seibt, mit dem wir uns ausführlich unterhalten haben, verweist in diesem Zusammenhang auf die gesetzlichen Rahmenbedingungen, die Firmen künftig in die Pflicht nehmen. Nach Maßgabe des Sorgfaltspflichtengesetzes, das auch als Lieferkettengesetz bekannt ist und zum 1. Januar 2023 in Kraft treten wird, sind Unternehmen dafür verantwortlich, dass ihre Lieferanten und Kunden Menschenrechts- und bestimmte Umweltstandards einhalten. Wenn nicht, wird es – neben Reputationsnachteilen – auch gleich sehr teuer. Der Gesetzgeber sieht Bußgelder bis zu 800 000 Euro vor, für Unternehmen mit einem Jahresumsatz von 400 Millionen Euro auch darüber hinaus. Wohlgemerkt: nicht nur, wenn der eigene Konzern, sondern auch, wenn ein Geschäftspartner gegen Standards erkennbar verstößt. Der Monitoring- und Dokumentationsaufwand stellt eine große, bislang häufig unterschätzte Herausforderung dar, gerade auch für kleinere Unternehmen.

Denn die neue Regelung betrifft ab 2023 zunächst Unternehmen ab einer Mitarbeiterzahl von 3000. Ab dem 1. Januar 2024 stehen jedoch auch Unternehmen ab einer Mitarbeiterzahl von 1000 in der Pflicht. »Unternehmen müssen jetzt sehr aufpassen und bereits jetzt ihre internen Prozesse umstellen«, sagt Seibt. Wenn nicht, drohten »Versorgungsengpässe, Bußgelder, Auftragsausschluss und nicht zuletzt sogar Schadensersatz«. Ob und wie sich das Gesetz in der Praxis bewähren wird, steht aber noch in den Sternen.

Dabei wird es zweifellos stark auf die weitere Entwicklung der Jurisprudenz und die Gerichte ankommen, insbesondere auf deren Urteilsbegründungen. »Kann es sich zum Beispiel ein Automobilhersteller leisten, auf die Produkte einer chinesischen Zulieferfirma zu verzichten, weil in dieser Firma keine freie Gewerkschaft installiert ist?«, fragt Seibt, gerade im Hinblick auf die Abhängigkeit deutscher Automobilhersteller vom chinesischen Markt. Für Seibt ist klar: »Das Radarfeld des Risikomanagements muss außenwirtschaftlich erweitert werden. Phänomene wie der Konflikt zwischen den USA und China samt Bildung einer amerikanischen und einer chinesischen Technikwelt und die verstärkten nationalistischen Tendenzen verlangen vorausschauende und sachverständig erprobte Investitionsentscheidungen.«

In der Pflicht stünden daher vor allem Vorstand und Aufsichtsrat. So gebe es bereits einen rechtlichen Anker, der die »Bedeutung geopolitischer Einschätzungen für die Pflichtenlage von Vorstand und Aufsichtsrat deutscher Unternehmen« regelt. Zu diesen Pflichten gehört es, eine Strategie zum Themen Klimaschutzaktivitäten sowie zum Szenario eines weiteren USA-China-Decoupling zu entwickeln. Auch sollten geopolitische Einschätzungen bei der Risikoanalyse berücksichtigt werden. Kurzum: Es ist die Pflicht eines Vorstands, sich um Menschenrechte, Klimawandel und Diversität in seinem Konzern und bei seinen Geschäftspartnern zu kümmern. Geschieht das nicht hinreichend und mit guten sachlichen Gründen, stellt das eine Pflichtverletzung dar. Und Pflichtverletzungen seien, so Seibt, nach wie vor ein »scharfes Schwert«. Eine Ausrede wie »Ich kann mich nicht um alle Themen kümmern« werde wohl in Zukunft nicht mehr ausreichen. Ein Vorstand müsse heute vielmehr eine überzeugende Antwort auf die Frage finden: Wie politisch bin ich?

Denn: ESG führt zu einer grundlegenden Haltungsänderung, es wird die Führung von Unternehmen und deren Kultur verändern. Mit Blick auf den Kapitalmarkt bleibt Unternehmen gar nichts anderes übrig, als »Gutes zu tun«, um es mal etwas überspitzt zu formulieren. Oder wie es die einflussreiche Investorin Fiona Reynolds im Berliner *Tagesspiegel* formulierte: »Ich denke, eine nachhaltige Wirtschaft muss sein. Die Pandemie hat uns gelehrt, was passiert, wenn wir keine nachhaltige Welt gewährleisten. Wenn wir damit weitermachen, nicht an die Biodiversität zu denken, die planetaren Grenzen zu missachten und in die Wildnis zu drängen, werden wir mehr Pandemien erleben und den Klimawandel verschärfen.« Für Reynolds ist klar: »Es gibt keine gesunde Wirtschaft ohne gesunde Menschen und einen gesunden Planeten. Wenn wir das jetzt nicht begreifen, weiß ich nicht, wann sonst.«

Tue Gutes und profitiere davon

Am besten wirkt ESG, wenn daraus Nutzen für Klima und Umwelt erwächst und Unternehmen zugleich profitieren können. Wie das geht, hat Deutschlands größter Autovermieter Sixt vorgemacht: Im Juli 2021 bestellte es den ausgewiesenen ESG-Experten Kai Andrejewski zum CFO – unter anderem mit dem klaren Auftrag, die Nachhaltigkeitsstrategie des an der Börse notierten Mittelständlers neu auszurichten. Sixt ersetzt in seiner digitalisierten Plattform zum einen individuelle Mobilität durch geteilte Mobilität, beispielsweise in Form von Sharing-Modellen. Darüber hinaus entwickelt Andrejewski mit seinem Team innovative CO_2-Kompensationsprogramme für die Sixt-Flotte. Der Clou: Aufgrund der ESG- und Taxonomielogik verringert Sixt so auch seine Kapitalkosten, da Banken und Anleger die CO_2-Reduzierung honorieren und Sixt deshalb einen niedrigeren Zins für seine Anleihen einräumen als weniger grünen Firmen.

Der »ehrbare Kaufmann« handelte schon immer nachhaltig, oder nicht?

Johannes Bohnen schreibt in seinem sehr lesenswerten, 2020 erschienenen Buch *Corporate Political Responsibility:* »Unternehmen müssen sich stärker mit den Chancen an den Schnittstellen von Politik und Wirtschaft beschäftigen. Denn der Geschäftserfolg ist von gesellschaftlichen und politischen Voraussetzungen abhängig, die Unternehmen bisher zu wenig befördern. Politische Verantwortung zu übernehmen, ist für Unternehmen ein Business Case.« Und natürlich gilt das berühmte Diktum des Staatsrechtlers Ernst-Wolfgang Bockenförde nicht nur für Bürger, sondern auch für Unternehmen: »Der Staat ist darauf angewiesen, dass die Bürger eine gewisse Grundeinstellung, ein staatstragendes Ethos haben, sonst hat er es schwer, eine im Gemeinwohl orientierte Politik zu verwirklichen.«

Gerade im deutschen Mittelstand und bei den über Generationen aktiven Familienunternehmen wird diese Einstellung, zumindest was die soziale Verantwortung anbelangt, schon lange mit Leben erfüllt. Hier wie in vielen Ländern Europas gilt das Leitbild des »ehrbaren Kaufmanns«. Doch auch dieser wird weiter hinzulernen müssen – und künftig auch der ehrbaren Kauffrau Platz machen. Denn Themen wie geschlechterspezifische Gehaltsunterschiede, ökologische Nachhaltigkeit weltweit oder auch gute Governance – was bedeutet, unabhängige Beiräte und Aufsichtsräte zu akzeptieren – sind längst noch nicht überall verbreitet. Andere Themen wie Vielfalt im Hinblick auf Nationalität, Religion oder soziale Herkunft werden in deutschen Unternehmen weit weniger offen gelebt oder auch nur als Ziel gesehen, als das im Hinblick auf ESG-Kriterien sinnvoll wäre. Sicher ist: Der Druck auf die Unternehmen, diese Themen transparent und messbar anzugehen, wird in Zukunft steigen. Es sind eben gerade die EU-Taxonomie zu Nachhaltigkeit und die damit einhergehende »soziale Taxonomie«, die Unternehmen mit Nachdruck zu noch mehr Engagement bewegen sollen. Wir mögen Quoten und Taxonomien nicht schätzen, aber unsere jüngere Geschichte hat gezeigt, dass die Entwicklung ohne sie zu langsam verläuft.

ESG: Was ist zu tun? Handlungsempfehlungen

Wie sollen sich deutsche Unternehmen also angesichts der wachsenden Bedeutung von ESG verhalten, wie sich auf die ESG-Welt vorbereiten?

Strategie

Angesichts der massiven Herausforderungen durch den Klimawandel haben schon viele Unternehmen begriffen, dass sie um Dekarbonisierung nicht herumkommen – vielleicht auch, dass es für uns alle existentiell ist, und womöglich sogar, dass darin eine Chance liegen kann. Auch wenn es in vielen Sektoren – in der Energieerzeugung, beim Stahl, im Verkehr, in der Landwirtschaft – künftig nicht um eine Anpassung des existierenden Geschäftsmodells gehen wird, sondern oftmals um die Neuerfindung der gesamten Firma. Ähnlich wie hinsichtlich der Digitalisierung der Leitspruch gilt:»Alles, was digitalisiert werden kann, wird digitalisiert«, heißt es beim Klimawandel:»Alles, was CO_2-frei gemacht werden kann, wird CO_2-frei gemacht werden.« Geschäftsmodelle werden sich grundlegend ändern müssen, wenn die Unternehmen auch in zehn oder 20 Jahren noch existieren wollen.

Leitbild und Unternehmensführung

Diese Bereitschaft zur Veränderung, zur Transformation, muss von oben, vom Vorstand und Management, gelebt werden. Denn wenn Nachhaltigkeit, Selbstverpflichtung zum Klimaschutz, zur fairen Behandlung von Mitarbeiter:innen und zur Kontrolle der Lieferkette auf die Einhaltung von Arbeits- und Menschenrechtsstandard sowie gute Unternehmensführung nicht von der Unternehmensspitze ernst genommen und konsequent (vor-)gelebt wird, wird sich keine ESG-Orientierung im Unternehmen verankern lassen. Es gilt das alte Diktum: Wandel beginnt an der Spitze.

Kommunikation

Für die Kommunikation bedeutet dies eine Umstellung auf mehreren Ebenen:

– Zunächst muss der Unternehmenszweck, der berühmte »Purpose«, das »Warum gibt es die Firma«, grüne und ESG-Elemente berücksichtigen, soweit dies nicht bereits der Fall ist. »Purpose« mag ein Schlagwort sein, das gerade en vogue ist, aber das zugrundeliegende Prinzip ist für Mitarbeiter:innen und junge Talente, die angezogen und gehalten werden sollen, zentral. Sie fragen: »Was ist unsere Mission, außer Geld zu verdienen? Was tun wir fürs größere Ganze? Was ist unser Beitrag zum Gemeinwohl? Warum soll ich hier meine Arbeitskraft einsetzen und nicht woanders?« Auf diese Fragen gilt es authentische, mit dem Geschäftsmodell kongruente Antworten zu definieren. Und zu leben.

- Der Purpose, die Vision und das Mission Statement – all das muss sauber durchdekliniert werden und sich dann in der kompletten Unternehmenskommunikation widerspiegeln.
- Das gilt auch für die Finanzmarktkommunikation. Wie beschrieben, wird ESG ein entscheidender Faktor auf den Kapitalmärkten werden, ist es vielfach schon. Investoren wollen eine nachhaltige »Equity Story« sehen und hören. Das ist bereits gängige Praxis in Investorengesprächen und Präsentationen. Künftig wird es auch für Bankgespräche und sämtliche Formen der Investor Relations gelten.
- Kein Greenwashing: Unbedingt vermeiden sollten Unternehmen jedoch jede Form des Greenwashings, insbesondere Ankündigungen im Klimaschutz- oder ESG-Bereich, die sie dann nicht einhalten. Denn die Journalist:innen und Analyst:innen schauen heute sehr genau hin; es gibt inzwischen spezialisierte NGOs und Thinktanks, die darauf achten, dass ein Unternehmen hält, was es verspricht. Im Zweifel gilt »Lieber erst zu wenig versprechen und dann mehr liefern als versprochen« als umgekehrt, ansonsten droht ein erheblicher Reputationsschaden oder gar eine Klage von Investor:innen oder Verbraucher- und Umweltverbänden.

– Zuletzt wird es zunehmend Aufgabe der Kommunikationsabteilungen sein, genau zu erfassen, welche Stakeholder-Gruppen auf welche Weise relevant sind und was sie wollen und fordern. Dazu sind moderne datengetriebene Analysemethoden zu entwickeln und anzuwenden. Die Ergebnisse – ganz analog der geopolitischen Analyse – sind als Input für die Unternehmensstrategie zu betrachten und nicht ausschließlich als Hilfsmittel, um am Ende die Strategie zu kommunizieren. Dies erfordert ein massives Umdenken und Umsteuern der Beteiligten.

Public und Government Affairs

Es wird auszuloten sein, welche Stakeholder-Gruppen durch die Kommunikationsabteilung, welche durch Public Affairs oder Government Relations und welche durch eine eventuell auch noch vorhandene ESG-Abteilung abgedeckt werden. Wichtig ist, dass alle Gruppen abgedeckt sind, ein konsistentes Bild entsteht und gleichzeitig Doppelarbeit vermieden wird. ESG-Governance ist eine neue Disziplin.

Für ein umfassendes Verständnis der Stakeholder ist die Analyse von und die Interaktion mit Personen und Organisationen auf verschiedenen Ebenen geboten:

– Politische und regulatorische Ebene: Welche Gesetze und Initiativen planen Brüssel, Berlin, Paris, Washington oder Peking?
– Umwelt-NGOs sowie Thinktanks und politische Stiftungen auf G20-Ebene, also in den wichtigsten Industrie- und Schwellenländern: Wie ist ihre Haltung?

- Relevante Medien und Social-Media-Kanäle: Was sagen die internationalen Wirtschafts- und Finanzzeitungen? Welche Themen setzen u. a. *Financial Times, Wall Street Journal, The Economist* sowie die Blogs und LinkedIn- oder Facebook-Posts der wichtigen Aktivist:innen?
- ESG-Trends auf dem Kapitalmarkt: Welche ESG-Anlageentscheidungen treffen die großen institutionellen Investoren, also Versicherer, Pensions- und Publikumsfonds? Diese sind oft Vorreiter für Trends.
- Branche/Wettbewerber: Wie handeln andere Unternehmen, wer ist ESG-Vorreiter, was kann ich mir abschauen, wie kann ich mich bewusst differenzierend positionieren?

ESG-Mainstreaming

Gerade weil es auf die Umsetzung ankommt, weil Definition von Purpose und Kommunikation nur notwendig, aber nicht hinreichend sind, gilt es klar definierte ESG-Ziele kongruent mit Maßnahmen zu hinterlegen und die Umsetzung zu verfolgen wie bei anderen Unternehmenszielen auch. Und das über alle Geschäftsbereiche und Funktionen hinweg.

Kapitel 7

TECHNOLOGIE ALS MACHTINSTRUMENT

Die beschriebenen ESG-Aufgaben werden den Einsatz erheblicher personeller und intellektueller Ressourcen und auch neuer automatisierter Methoden erfordern. Und erst recht gilt dies für die dritte Dimension, die wir betrachten: Technologie. In einem Bloomberg-Artikel zum 20. Jahrestag der Anschläge vom 11. September 2001 schreibt der britische Historiker Niall Ferguson, dass die größten Veränderungen unserer Zeit nicht ideologischer oder geopolitischer Natur gewesen seien, sondern technologischer. Und weiter: »Sie waren auch die am schwierigsten zu prognostizierenden.« Technologische Entwicklungen sind oft exponentiell oder sogar sprunghaft. Sie beginnen zunächst langsam und es scheint, als ob sich nichts verändern würde – doch dann geht es los und wird immer schneller. Eine faszinierende Studie des Pew Research Center hat analysiert, wie lange es dauert, bis die amerikanische Bevölkerung eine neue (Basis-)Technologie angenommen hat. Heraus kam: Es dauerte rund 45 Jahre, bis 25 Prozent der US-Bevölkerung Elektrizität nutzte, 35 Jahre für die Nutzung des Telefons in gleichem Umfang, aber nur noch sieben Jahre für das Internet und fünf Jahre für das Smartphone. Unsere Kinder kennen kein Festnetztelefon mehr, aber sie beherrschen bereits mehr Funktionen auf dem iPad als wir. Und das ist erst der Anfang.

Mit anderen Worten: Die Fortschritte, die wir dank neuer Technologien in allen Lebensbereichen bereits erzielt haben, sind immens, und doch stehen uns noch Innovationssprünge bevor: Wenn wir mit Quantencomputern endlich komplexe Simulationen durchführen können, um neue Medikamente, Werkstoffe oder Chemikalien zu (er-)finden. Wenn wir mit lokalen KI-basierten Fabriken in Losgröße 1 mit 3-D-Druckern individuelle Bedarfe decken können, wenn wir mithilfe biotechnologischer Verfahren endlich Krankheiten heilen oder ihre genetische Entstehung vermeiden können. Wenn wir die mit Technologie stets verknüpfen Risiken managen können – die ethischen, die des Missbrauchs, die der Politisierung.

Womit wir bei der Macht von Technologien wären.

Mit Macht verbinden wir Militär und Politik. Doch im Hinblick auf die Entwicklung eines Landes etablieren sich immer mehr Technologie, technologische Innovationskraft und Finanzkraft als Machtfaktoren. Das ist im Grunde kein Wunder.

Wenn vor 20 Jahren geopolitische Themen diskutiert wurden, spielte Technologie noch eine untergeordnete Rolle. Es ging meist um Territorien und Rohstoffe. Heute dagegen ist der Einfluss von Staaten und Regierungen eng mit dem Technologisierungsgrad ihrer Wirtschaft verbunden. Wem es gelingt, bei Schlüsseltechnologien wie künstlicher Intelligenz oder Mikrochips weltweit führend zu sein, Standards zu setzen und durchzusetzen, wird seinen Einfluss politisch und wirtschaftlich weiter ausbauen können. Genau das ist einer der wesentlichen Treiber des USA-China-Konflikts. Die Formel der Zukunft heißt folgerichtig: Industriepolitik ist Technologiepolitik ist Sicherheitspolitik, und wer außenpolitisch gestalten will, braucht Kapital und Technologie statt Waffen.

In Deutschland und Europa zeigt man sich in dieser Hinsicht noch zögerlich. Technologie wird noch zu wenig als Macht-faktor betrachtet; von einer technologischen Innen- und Außenpolitik ist selten die Rede – obwohl Investitionen in Technologie nicht nur zur Modernisierung von Staaten und Unternehmen führen, sondern darüber hinaus aufgrund ih-rer wirtschaftlichen und handelspolitischen Bedeutung auch zu Machtinstrumenten in der globalen Zusammenarbeit mit anderen Staaten geworden sind. Zumindest Europa sollte dringend eine konsolidierte Technologie-, Wirtschafts- und Innovationspolitik entwickeln. Das legen jedenfalls folgen-de Zahlen nahe: Apple: 2,1 Billionen US-Dollar Bilanzsum-me. Microsoft: 1,6 Billionen US-Dollar. Amazon: 1,5 Billionen US-Dollar. Tencent: 0,7 Billionen US-Dollar. Alibaba: 0,6 Bil-lionen US-Dollar. Und so weiter.

Die wertvollsten Unternehmen, gleichzeitig die größten Plattformen, sind alle entweder amerikanisch oder chine-sisch; das gilt gleichermaßen für B2B-Cloud-Anbieter, B2C-Konsum- und Kommunikationsplattformen. Wenn Europa, das heißt die EU, wirklich mehr Souveränität anstrebt, muss sie hier unbedingt zu einem selbstständigen Mitspieler wer-den, was sich in absehbarer Zeit als nicht leicht erweisen wird. Im Oktober 2021 war allein Apple so viel wert wie der gesam-te DAX.

Die Unternehmenswerte der Technologiekonzerne schrau-ben sich in immer größere Höhen. Vor allem US-amerikani-sche und chinesische Firmen geben den Ton an – und schon die Aufzählung der größten Player macht eines deutlich: Europa wird immer mehr zum Zuschauer, zum Abnehmer und damit abhängig. Es hat den Anschluss verloren. Wir mögen von digitaler Souveränität sprechen, vom Plan namens Gaia-X, um endlich eigene, unabhängige, europäische Cloud-Angebote zu schaffen und damit mehr Unabhängigkeit von den US-Plattformen wie Google oder Amazon Web Services (AWS) zu erreichen. Diesen Bemühungen wird allerdings von Experten etwas spöttisch der Status »Jugend forscht« zugesprochen, das heißt ein Status, in dem ausprobiert wird, was andere längst anbieten.

Dieses gesamteuropäische Tüfteln an Gaia-X mag sinnvoll sein, um europäische Standards zu setzen, auch um wieder etwas mehr Hoheit über Daten und Services zu erlangen, und es könnte erfolgreich sein, wenn es uns gelingt, eine moderne, edge-basierte Architektur zu entwickeln. »Edge-basiert« bedeutet, dass die Rechenleistung dezentral organisiert ist. Heutige Cloud-Strukturen sind noch zentralisiert. Aber allein im Hinblick auf das autonome Fahren und vor allem im Hinblick auf das Internet of Things (IoT) werden wir mehr edge-basierte Strukturen benötigen. Da kann dann die Rechenleistung vor Ort, beispielsweise an einer Ampel, abgerufen werden.

Doch der reale Status quo ist ein anderer: Der Großteil der Datenspeicherung und -verarbeitung findet heute in China und in den USA statt. Und der Großteil der dafür notwendigen Chips wird in Taiwan und Südkorea produziert, das IP kommt aus den USA. Europa schaut mit ganz wenigen Ausnahmen wie ASML, Trumpf oder Zeiss zu – und zwar nicht nur, was die Unternehmensseite angeht (wir haben keine sogenannten Hyperscaler und auch kaum relevante Halbleiterunternehmen), sondern eben auch im Hinblick auf den machtpolitischen Aspekt. Das gilt insbesondere für Deutschland. Dazu Simone Menne von der American Chamber of Commerce in Germany: »Grenzübergreifender Datenaustausch spielt in allen Unternehmen eine entscheidende Rolle. Hier müssen sichere Standards entwickelt werden. Rechtsunsicherheit gefährdet unternehmerisches Handeln. Ein Decoupling wäre eine schwierige Entwicklung.«

Doch treten wir noch einmal einen Schritt zurück und widmen uns einigen grundliegenden Fragen. Warum ist Technologie so wichtig und zum Machtinstrument geworden? Welche Technologien stehen im Mittelpunkt und warum?

Digitaler durch die Pandemie

Digitalisierung ist wichtig, ja sogar überlebenswichtig – davon ist längst nicht mehr nur die Digitalbranche überzeugt. Nach einer Umfrage des Branchenverbands BITKOM sind 70 Prozent der Unternehmen, deren Geschäftsmodell bereits digitalisiert ist, dadurch besser durch die Corona-Pandemie gekommen, wie auch 65 Prozent der Unternehmen, deren Geschäftsprozesse bereits digitalisiert waren. Wenig überraschend gab kein einziges Unternehmen an, die Digitalisierung habe während der Pandemie an Bedeutung verloren. Immer mehr Unternehmen in Deutschland sind folglich bestrebt, ihren Rückstand aufzuholen. Doch nicht nur Unternehmen, wir alle haben durch die Pandemie ein neues Bewusstsein für die Bedeutung von Technologie gewonnen. Online-Konferenzen, das Homeoffice und digitale Tools haben innerhalb weniger Monate eine breite Akzeptanz gefunden und gehören heute für viele Menschen zum Alltag. Auch in das Bewusstsein etablierter Industrien und digitalferner Bevölkerungsgruppen ist eingedrungen, dass tatsächlich ein Wandel stattfindet – und dass von einem solchen Wandel nicht nur auf Digitalfachkonferenzen und in Start-Up-Zirkeln gesprochen wird. Offenbar hatten Expert:innen recht, die genau diesen Wandel prophezeiten. Dass es jedoch so rasch zu einem Digitalisierungsschub kommen und er so dynamisch ausfallen würde, war nicht zu erwarten, vor allem auch nicht, wie gnadenlos viele Prozesse in den Jahren 2020 und 2021 digitalisiert wurden. Etwa Meetings: Die Anzahl der monatlichen Aufrufe der Plattform Zoom lag nach Angaben des Statistischen Bundesamts im Februar 2020 noch bei 106 Millionen, bis Oktober 2020 hatte sich die Nutzung auf 2,8 Milliarden monatliche Aufrufe hinaufkatapultiert. Eine Plattform, die die meisten bis dahin nur halbherzig nutzten, wurde zu einem elementaren Bestandteil der Zusammenarbeit von Teams, Abteilungen und Unternehmen. Und Zoom ist nur *eine* Plattform *eines* Anbieters *einer* Kommunikationstechnologie.

Tatsächlich haben wir in den Jahren 2020 und 2021 fast schon so etwas wie eine Explosion der digitalen Interaktion erlebt. In der Hochphase der Pandemie hat laut Angabe des Statistischen Bundesamts die Zahl der Online-Transaktionen im Schnitt um 40 Prozent zugenommen. Unter diese Transaktionen fallen alle Versand-, Bezahl- und Streaming-Aktivitäten. Im B2C-Bereich ist der Trend überdeutlich, doch auch hier gilt, dass die meisten dieser Transaktionen nicht unter Beteiligung deutscher oder europäischer Plattformen stattfinden. Gerne würde man sagen: noch nicht. Doch dafür müsste sich irgendwo am Horizont eine europäische Internetplattform abzeichnen. Das erscheint jedoch allzu optimistisch.

Die Herausforderung für das gesamte kommende Jahrzehnt wird darin liegen, bei aller Erkenntnis und Einsicht das Thema wirklich ernsthaft anzugehen. Noch immer fehlt es an Strategien, um die Kernbranchen in Deutschland zu transformieren. Das gilt auch und gerade für die Politik – sowohl als Branche als auch als Impulsgeber und Gestalter für andere Branchen.

Die Bedeutung des Themas hat die ehemalige Bundeskanzlerin Angela Merkel zweifellos erkannt. Im August 2018 wurde per Kabinettsbeschluss der Digitalrat der Bundesregierung eingesetzt; ihm gehörten Chris Boos, Urs Gasser, Stephanie Kaiser, Ijad Madisch, Viktor Mayer-Schönberger, Beth Simone Noveck, Peter Parycek, Ada Pellert und Katrin Suder als Vorsitzende an. Seitdem haben wir neunmal mit der Regierung getagt, haben Themen auf die politische Agenda gesetzt, über 50 Umsetzungsempfehlungen gegeben und zahlreiche konkrete Projekte und Vorhaben aktiv unterstützt. Sieben Themenfelder standen im Zentrum: digitaler Staat, Daten und Gesellschaft, digitale Transformation von Wirtschaft und Arbeitswelt, Bildung und Lernen, Gründungen, digitaler Mindset und Kultur sowie Geopolitik von Tech und digitale Souveränität.

Vieles am Digitalrat war neu. Unsere Zusammensetzung war von tiefer Expertise und hoher Diversität geprägt und unsere Vorgehensweise ungewöhnlich für Gremien: Wir haben keine langen Papiere geschrieben, wir hatten keine Geschäftsstelle und wir haben keinen Schwerpunkt auf Pressearbeit gelegt. Wir glauben, dass all dies Voraussetzungen für die erfolgreiche Arbeit des Rats waren.

Auch wenn einiges in den letzten drei Jahren erreicht wurde, so gibt es doch noch viel zu tun, und der weiter dringend notwendige Fortschritt der Digitalisierung liegt uns am Herzen. Politik und Verwaltung kann das nicht allein, es braucht die Unternehmen.

Und viel zu viele Unternehmen erkennen noch nicht das Potenzial einer grundlegenden Neugestaltung, sondern verwenden einen Großteil des durchaus erheblichen Digitalisierungsbudgets für Effizienzinnovationen oder sogar für den Transfer alter Methoden auf neue technische Grundlagen. Dabei könnten Investitionen in Digitalisierung so viel mehr sein. Um das zu verdeutlichen, betrachten wir zunächst zwei Dinge, die wenig miteinander gemein zu haben scheinen: einen alten Zehn-Mark-Schein und eine Hühnerfarm.

Die Grenzen der Glockenkurve

Mit einem Zehn-Mark-Schein ließ sich einst die Welt erklären. Um etwas genauer zu sein, tat dies Carl Friedrich Gauß (1777–1855), der berühmte Mathematiker, der die Normalverteilung und die Glockenkurve entdeckte. Beides wird heute noch mit seinem Namen verbunden. Und Gauß zierte die letzte Zehn-Mark-Note in Deutschland. Was im Gegensatz zur D-Mark allerdings geblieben ist, ist die Gaußsche Erkenntnis, dass statistische Wahrscheinlichkeiten normal verteilt sind, wenn sie sich um ihren Mittelwert drängen. Wir sprechen hierbei von der Gaußschen Normalverteilungskurve oder eben der Glockenkurve. Ein Beispiel: Durchschnittsbürger:innen in Deutschland haben einen IQ von 100, und je größer beziehungsweise kleiner der IQ-Wert, desto seltener tritt er auf – das gibt der Glockenkurve ihre charakteristische Form.

Wie Wahrscheinlichkeiten verteilt sind, zeigt sich auch bei Würfelspielen mit zwei Würfeln: Die Zwei, die Drei, auch die Elf oder die Zwölf werden seltener geworfen als Vieren, Fünfen oder Neunen – und besonders oft fallen Sechsen und Achten. Sie bilden um die Spitze mit der Sieben sozusagen den oberen Bogen der Glocke. Es gibt zahlreiche weitere Beispiele für die Normalverteilung, etwa die Körpergröße aller 18-jährigen Männer in Deutschland. Auch hier gilt: Es gibt zwar kleinere und größere Männer, aber nur sehr wenige extrem kleine oder extrem große.

Das Gesetz dahinter, die sogenannte Normalverteilung, wird durch jene Glockenkurve beschrieben, die zu den Seiten hin steil abfällt. Zwar erreicht sie nie die Nulllinie, doch ihre Enden sind so nahe bei der Zahl Null, dass das Extrem immer die Ausnahme bleibt. Diese Normalverteilung hat lange unser Denken und Handeln bestimmt. Irgendwie sind die meisten Werte mittig; ein einzelner Aussetzer, ein einzelnes Ereignis kann das Gesamtergebnis nicht beeinflussen. Das scheint beruhigend. Und auch deswegen bestimmt die Glockenkurve beispielsweise die Finanzökonomie. Doch nicht zuletzt durch die Pandemieerfahrung wissen wir: So einfach ist es nicht.

Die beiden Finanzstatistiker Pasquale Cirillo von der Technischen Universität Delft und Nassim Nicholas Taleb von der New York University haben 2020 angesichts der COVID-19-Pandemie eine Studie erstellt, in der sie 72 Epidemien in der Geschichte der Menschheit mit jeweils mehr als 1000 Todesopfern verglichen, wie die *FAZ* berichtete. Dabei kamen sie zu dem Schluss, dass die Opferzahlen großer Epidemien einer Verteilung mit dickem Ende folgen. Nicht »in der Mitte« sind die hohen Opferzahlen zu finden, sondern erst gegen Ende.

Weit mehr als ein Abschied

Man unterschätzt allzu leicht das Potenzial, das darin liegt, nicht mehr nur den Mittelwert im Blick zu haben. Um es deutlich zu sagen: Wir sind dabei, Gauß und seine Mittelwert-

Verteilungskurve zu schlagen. Das lehrt etwa das faszinierende Beispiel der Hühnerfarm. Auf diesen Farmen orientiert man sich bis heute an Gauß und seiner Verteilungskurve, die letztlich die Grundlage der industrialisierten Produktion im Allgemeinen bildet. Übertragen auf die Hühnerfarm bedeutet das: Alle Hühner werden gleichbehandelt, das heißt, sie bekommen eine mittlere Menge Futter, Wasser und Nahrungsergänzungsmittel, wie das eben im Industriezeitalter so gehandhabt wird. Im Ergebnis werden dabei rund ein Drittel beste Hühner gezüchtet, ein Drittel weniger gute, die man später beispielsweise als Suppenhühner verwenden kann, und ein Drittel, das nicht den Anforderungen entspricht. Das nimmt man in Kauf, weil die Kurve angeblich aussagt, was die Hühner wollen, weil es um Skaleneffekte geht, weil alles andere nicht finanzierbar ist.

Inzwischen sind wir aber in der Lage, präzise und individuelle Daten zu sammeln und auch die Hühner individuell besser kennenzulernen. Mit dem Einsatz von künstlicher Intelligenz auf Hühnerfarmen lassen sich heute weit bessere Ergebnisse erzielen. So können bereits heute Hühnerställe mit Sensoren ausgestattet werden, die laufend Daten liefern. Die Gesundheit der Tiere wird überwacht, man kann Körpertemperaturen messen, sogar das Gegacker auswerten und natürlich präzise beobachten, ob die Tiere normal fressen und trinken. Eine Fülle von wichtigen Informationen über Haltung, Aufzucht und Schlachtung der Tiere wird transparent und hilft unter anderem dabei, Krankheiten und Ansteckungen zu vermeiden und vor allem Ressourcen zu steuern. Erste Versuche haben bereits gezeigt, dass mithilfe von Sensortechnik und KI statt 30 Prozent beste Hühner bis zu 80 Prozent beste Hühner erzeugt werden können, dazu 20 Prozent Suppenhühner – bei rund 40 Prozent weniger Nahrungsergänzungsmitteln. Das heißt: Einfach nach Maßgabe der Gaußschen Normalverteilung die Hühnerzucht zu betreiben, scheint weder angebracht noch zukunftsfähig, auch im Hinblick auf das Wohl der Tiere. Vielmehr gilt: Im Wandel vom Ungefähren zum sehr Präzisen liegt eine große Chance.

Von Medikamenten bis zum Energieverbrauch

Das Beispiel der Hühnerfarm lässt sich auf so ziemlich alles übertragen, das mit Ressourcen zu tun hat. Noch immer orientiert man sich an Gauß, steuert anhand des Mittelwerts und nicht anhand der konkreten, spezifischen Lage. Immer wieder blicken wir auf die Glocke, und das ist ein großes Versäumnis. Ob bei Medikamentendosierung oder -design, ob es Schnittmuster sind oder die Steuerung von Pumpen, ob die Aussaat von Saatgut oder die Bewässerung von Feldern und Treibhäusern, der Energieverbrauch in Gebäuden und vieles andere mehr: Alles wird noch immer nach Mittelwert errechnet, mal mit zu viel, mal mit zu wenig Ressourceneinsatz, aber nie passend. Es war bislang einfach nicht kosteneffizient möglich. Das ist jetzt anders. Das Potenzial ist nahezu unendlich. Weil es alle Industrien betrifft.

Deshalb bezeichnen wir Digitalisierung – insbesondere unter Einschluss von KI – als Basistechnologie, die wie Elektrizität unser gesamtes Leben verändert. Weil sich nach Lage der Dinge alles verändern wird, sprechen wir auch von der Vierten Industriellen Revolution. KI wird nicht nur Problemlösungen bereitstellen, sondern auch zu einem völlig neuen Grad an Automatisierung führen. Anders als bei vergangenen industriellen Transformationen werden durch Digitalisierung nicht mehr vor allem körperliche, sondern hauptsächlich geistige repetitive Aufgaben automatisiert, beispielsweise Tätigkeiten in Banken, Versicherungen oder Anwaltskanzleien. Der Automatisierungsgrad beträgt heute, nach rund 150 Jahre Industrialisierung, 30 Prozent. Studien sagen voraus, dass er 2025 bei 55 Prozent liegen wird. Das hat enorme Auswirkungen auf Unternehmen: Es winken mehr Effizienz und Effektivität sowie ganz neue Produkte und Dienstleistungen.

Wir sind alle sprungdigitalisiert

Wir leben in einer Zeit großer gesellschaftlicher Herausforderungen: die Pandemie, der Klimawandel, Naturkatastrophen, gesellschaftliche Polarisierungen, die mangelnde Nachhaltigkeit unseres Handelns, die rasche Veränderung der Arbeitswelt durch Digitalisierung. Die COVID-19-Pandemie hat die digitale Transformation massiv beschleunigt. Wir alle sind sprungdigitalisiert, weil wir es mussten. Und ein Zurück gibt es nicht, im Gegenteil: Die Automatisierung von Prozessen wird radikal weitergehen, auch weil sie die Virusanfälligkeit reduziert.

Die erhöhte Geschwindigkeit der Transformation erfordert eine sehr bewusste Auseinandersetzung mit ihren Folgen. Die Digitalisierung wird Jobs kosten, aber zugleich auch neue schaffen – das war immer klar. Aber wir sind davon ausgegangen, dass wir für diesen schwierigen Übergang mehr Zeit haben, sodass wir die Folgen für den Einzelnen besser abfedern können. Eine Fehleinschätzung.

Die Zeit läuft uns davon. Und das sorgt für große Unsicherheit – auch weil nicht klar ist, welche Lösungen sich finden lassen, um Arbeitsplätze, um unseren Wohlstand, ja unsere Zukunft zu sichern. Viele reagieren auf Unsicherheit mit angstvoller Starre. Was wir aber brauchen, ist das Gegenteil, ist Ausprobieren, Innovation – und was wir vor allem brauchen, ist eine Offenheit für die Welt da draußen.

Daten sind der Nährboden

Der Rohstoff jeder Digitalisierung sind Daten. Wo immer von ihnen die Rede ist, heißt es oft, Daten seien das Öl des 21. Jahrhunderts. Das jedoch ist ein schiefes Bild. Denn wenn Öl verbraucht wird, ist es weg, maximal noch als Emission in der Atmosphäre vorhanden. Daten sind aber nicht weg, sie sind es niemals. Daten sind immer nutzbar. Wir sammeln Daten nicht, um sie durch den Schornstein zu jagen oder in Rechenzentren zu horten. Schätzungen zufolge werden 85 Prozent aller in Europa gesammelten Daten kein einziges Mal genutzt; wir nennen solche Daten auch Dark Data, brachliegende Daten. Eine Verschwendung, denn Daten sind ein elementares Informationsgut. Sie sind letztendlich der Nährboden, auf dem etwas Neues wachsen kann. Oder wie der Datenexperte Viktor Mayer-Schönberger es formuliert: Der Mehrwert durch Daten entsteht dadurch, dass ich sie nutze, nicht, indem ich sie sammle. Das ist ein entscheidender Unterschied, ist doch die Furcht vor dem Datensammeln recht ausgeprägt. Wichtiger wäre die Forderung nach einer verantwortungsvollen Datennutzung. Dabei müssen wir zwischen personenbezogenen und nicht personenbezogenen Daten unterscheiden.

Denn Letztere, also Sachdaten, machen einen großen Teil unserer Welt aus. Es handelt sich dabei um Daten von Industrieanlagen oder Maschinen. Maschinendaten, die nicht bei den jeweiligen Maschinen bleiben, sondern mit anderen Ma-

schinen und Rechnern vernetzt werden. Dieses Zusammenzuführen der Daten, um sie zu analysieren und daraus etwas
entstehen zu lassen, wird der Weg zu Wertschöpfung und Innovation sein. Innovationen werden immer weniger aus der
Gedankenkraft eines einzelnen Menschen entstehen und immer mehr durch die Nutzung von Daten. Daten ermöglichen
es uns, bessere Entscheidungen zu treffen. Dazu müssen Politik und Unternehmen rasch offene Fragen klären: Wie sollen Daten geteilt werden können? Wer darf welche Daten besitzen – oder sollte es vielleicht gar nicht um Besitz gehen?
Und wie kann verantwortungsvolle Datennutzung gestaltet
werden?

Es fehlen einheitliche Standards

Komplizierter zu regeln ist die Verarbeitung von personenbezogenen Daten. Beispielsweise böten Gesundheitsdaten
eine Vielzahl an Nutzungsmöglichkeiten, beispielsweise
bei der Vorsorge oder der Risikobewertung von Krankheiten. Doch hier geraten wir schnell in Konflikt mit der Daten-
schutzgrundverordnung. Wir haben das nicht zuletzt bei der
sogenannten Corona-Warn-App erlebt: Weil entscheidende
Daten zur Rückverfolgung nicht erhoben werden durften, er-
wies sich die App als nicht besonders wirkungsvoll. Tatsächlich steht uns Datenschutz, so wichtig er ist, bei Innovationen nicht selten im Weg – oft aufgrund der Unsicherheit in
Bezug auf die konkrete Anwendung und der stark ideologi-
sierten Debatte. Dabei zeigt sich eine erstaunliche Divergenz:
Was wir Staaten und Regierungen strikt verweigern, scheinen wir Unternehmen bereitwillig zuzugestehen. Die Menge an Daten, die Google, Amazon oder Facebook über uns ge-

sammelt haben, ist gigantisch, und alles erfolgt mit unserer Zustimmung zu den eigentlich nie gelesenen AGBs. Hinzu kommt, dass es in Europa keine einheitliche Datenschutzregelung gibt. Fast jedes Land geht mit dem Thema anders um. Um als Wirtschaftsmacht konkurrenzfähig zu bleiben, müssten wir zumindest in Europa einheitliche Standards einführen. Zumal wir wissen, wie unerschrocken die USA und China mit Daten umgehen oder zumindest in der Vergangenheit umgegangen sind.

Sicher, das sind abschreckende Beispiele, insbesondere da personenbezogene Daten in China und in Belt-and-Road-Staaten zur Überwachung und Steuerung der Bevölkerung eingesetzt werden. Aber die Tatsache, dass Daten in Ländern wie China missbräuchlich genutzt werden, sollte nicht dazu führen, dass Daten überhaupt nicht mehr genutzt werden, will man nicht in weitere Abhängigkeiten geraten. Vielmehr müssen wir ein eigenes, europäisches Datennutzungsmodell entwickeln, eines, das in der Tradition der Aufklärung steht, in dem es um bessere Erkenntnisse und – darauf aufbauend – um bessere Entscheidungen geht für unseren Wohlstand, für unsere Gesellschaft, für unsere Umwelt. Oder, um Marie Curies Zitat aus Kapitel 3 weiterzuführen: »Jetzt ist die Zeit, mehr zu verstehen, damit wir weniger Angst haben.«

Software auf Rädern

Neben der Frage, wer zu welchen Konditionen welche Daten nutzen darf, geht es darum, mit welcher Hardware die Daten genutzt werden. Hier kommen Abhängigkeiten ins Spiel, denn letztlich braucht es Rechenleistung – also Mikrochips, mehr oder weniger kleine Prozessoren. Und ohne Halbleiter, ohne Mikrochips geht gar nichts mehr. Allein im ersten Halbjahr 2021 konnten bis zu vier Millionen Autos nicht gebaut werden, weil Mikrochips fehlten, oft infolge geopolitischer Spannungen. Sicher ist: Diese Abhängigkeit wird zunehmen, zumal Autos inzwischen vor allem fahrbare Software sind. »Ein Auto hat heute mehr Software als ein Flugzeug«, sagte der Autoanalyst Arndt Ellinghorst von Bernstein Research in London gegenüber dem Deutschlandfunk. Und VW-Chef Herbert Diess beschrieb seine Vision 2020 in einer Rede vor Führungskräften wie folgt:»Das Automobil wird in Zukunft das komplexeste, wertvollste massentaugliche Internet-Device.« Software und Halbleiter sind fast überall: in Fahrassistenzsystemen, automatischen Bremsen, Kommunikationsfunktionen, Sicherheitssystemen. Ohne Halbleiter wäre ein Auto deutlich weniger sicher und weniger komfortabel. Und dies gilt inzwischen eigentlich für alle technischen Fortbewegungsmittel, auch für ein Kampfflugzeug – der Eurofighter könnte ohne Software und Computer nicht stabil fliegen. Auch könnten die meisten Schiffe nicht mehr sicher in einen Hafen einlaufen.

Die dunkle Seite

Wenn alles miteinander verbunden ist, steigt die Gefahr, dass alles auch gehackt werden kann. Die immer weiter zunehmende Bedrohung durch Cyber-Angriffe gehört untrennbar zur fortschreitenden Digitalisierung, sie ist so etwas wie ihre dunkle Seite. Dabei spielt es für das betroffene Unternehmen keine Rolle, ob der Angriff aus dem Bereich der Wirtschaftskriminalität oder der Spionage kommt – der Schaden ist immens. Das Thema kann nicht ernst genug genommen werden, insbesondere auch hinsichtlich der geopolitischen Dimension, wenn nämlich Cyber gezielt genutzt wird, um machtpolitische Interessen durchzusetzen. Doch wirkliche Macht hat, wer über Halbleiter verfügt.

Das Wasser kommt mit dem Lastwagen: Die Abhängigkeit vom Halbleiter

Mit einem Thema hatte sich der uns gegenübersitzende CEO noch nie so richtig beschäftigt: Halbleitern. Die waren immer da, wurden immer geliefert, ganz gleich, ob es sich um große und günstige Chips handelte oder um die kleinen und komplizierten, die für die Produktionsteuerung benötigt wurden. Chips waren schlicht und einfach kein großes Thema. Überhaupt würde man das Unternehmen nicht mit Chips in Verbindung bringen. Es ist ein Spielzeughersteller, dessen Produkte sehr haptisch sind. Sie sind bunt, werden zusammengesetzt, sie sind etwas zum Anfassen. In den Gesprächen mit dem CEO geht es sonst überwiegend um ESG-Themen wie Diversität und Nachhaltigkeit. Doch diesmal fragte er: »Was ist los mit den Halbleitern? Wir brauchen dringend welche, bekommen aber keine, warum nicht und was können wir tun?«

Der Mangel an Mikrochips hatte sich 2021 tatsächlich zu einem dramatischen Problem ausgeweitet. Vor allem der Automobilindustrie machte die Lieferkrise zu schaffen. Wegen des Chipmangels mussten Produktionen teilweise gestoppt werden, es kam zu Kurzarbeit wegen fehlender Lieferungen. Oft wurde »auf Halde produziert«, das heißt, man baute die Fahrzeuge zunächst unfertig, um sie dann so schnell wie möglich nachzurüsten, wenn wieder Halbleiter verfügbar sind. Experten gingen im Herbst 2021 davon aus, dass wegen der Engpässe bis zu vier Millionen Autos weniger produziert würden.

Herzstück der Industrieproduktion

Chips sind allerdings auch für andere Branchen elementar: natürlich im kompletten Elektroniksektor, für Laptops, Tablets, Kameras und TV-Geräte, auch bei Spielekonsolen und im Medizin-Hightech-Bereich. Eben in jenen Branchen, in denen die Corona-Krise die Nachfrage noch einmal befeuert hat. Chips sind so etwas wie das Herzstück moderner Industrieproduktion. Und das betraf auch unseren Spielzeughersteller. Wie ernst die Lage war, bewiesen schon der Teilnehmerkreis des Meetings und die etwas angespannte Stimmung. Im Raum saß jemand vom Einkauf, natürlich der Vorstand, Leute aus der Produktion und auch Kolleg:innen aus der Public-Affairs-Abteilung. Die Zusammensetzung war neu – aber genau so, wie wir sie uns immer wünschen, wie wir sie empfehlen: Alle müssen an einen Tisch. Denn die Halbleiterkrise ist weder ein reines Technologiethema noch ein rein geopolitisches Problem. Nein, die Halbleiterkrise ist das alles zusammen, sie vereint viele Aspekte – und genau deshalb ist sie nicht einfach zu lösen.

War die Produktion in Gefahr?

Groß daher auch der Druck bei der Spielzeugfirma. Sie sagten:»Wir haben uns nie intensiv mit den Halbleitern beschäftigt, was sollen wir jetzt tun? Wie kommen wir kurzfristig an

Chips?« Denn natürlich brauchen sie solche für die automatisierten Prozesse in ihren Fertigungshallen. Zudem entwickelten sie seit geraumer Zeit auf Basis ihrer Produkte auch elektronische Spiele, PC-Games und Online-Spiele. Jetzt waren sie zwar nicht unmittelbar in Not, sahen aber ihre Produktion in Gefahr. Das Problem: Sie hatten versäumt, sich rechtzeitig mit Halbleitern einzudecken. Und sie hatten gerade 2021 kaum Chancen, dieses Versäumnis aufzuholen. Denn an den globalen Halbleiterbörsen geht es zu, wie es eben zugeht, wenn ein Produkt knapp ist. Diejenigen, die am meisten Geld bieten, bekommen Chips, die anderen gehen leer aus. Wenn aber selbst die Großen, die finanzstarken Automobilhersteller und Elektronikhersteller nicht zum Zuge kommen, sieht es auch für einen Spielzeughersteller nicht gut aus, auch wenn er keine großen Mengen benötigt. So steckten nun auch sie mittendrin in dieser fast schon exemplarischen Krise. Denn wie engmaschig Geopolitik, Klimaschutz und Technologie heute miteinander verwoben sind, zeigt sich eben auch, wenn ein an sich selbstverständliches Produkt wie der Halbleiter ausfällt.

Ein ausgetrockneter See

Zum Verständnis der Lage trägt zunächst ein Blick auf den Wassermangel in Taiwan bei: Im März 2021 wurde Taiwan von der schlimmsten Dürre seit Jahrzehnten heimgesucht. Im Jahr zuvor war zum ersten Mal seit 56 Jahren kein Taifun über das Land gezogen. Deshalb fiel der Wasserstand im Tsengwen, dem größten Speichersee der Insel, nach Behördenangaben auf weniger als 12 Prozent. In mehreren Stauseen in der Mitte und im Süden der Insel sank der Wasserstand ebenfalls unter 20 Prozent, ein See trocknete komplett aus. Und dann mussten die Lastwagen kommen.

Taiwan ist, wie bereits an andere Stelle erwähnt, Sitz der Taiwan Semiconductor Manufacturing Co Ltd (TSMC), einer der weltgrößten Hersteller von Chips. Die Insel ist der Knotenpunkt in der globalen Technologielieferkette für Giganten wie Apple. Und wenn zur Produktion von Chips etwas benötigt wird, dann ist es Wasser. Gigantische Mengen an Wasser. Nach Angaben von Greenpeace verbraucht TSMC nicht nur fast 5 Prozent der gesamten taiwanesischen Elektrizität, auch der Wasserverbrauch des Unternehmens lag schon 2019 bei etwa 63 Millionen Tonnen. In Zeiten der Dürre schwer vertretbar, zumal in der Landwirtschaft ebenfalls Wasser fehlte und auch die Versorgung mit Lebensmitteln knapp zu werden drohte.

Also begann TSMC Lastwagen loszuschicken, die Wasser holen sollten, um ein Stocken der Produktion zu verhindern. Taiwans Wirtschaftsminister Wang Mei-hua sagte gegenüber der Nachrichtenagentur Reuters, man hoffe, »dass die Unternehmen den Wasserverbrauch um 7 bis 11 Prozent senken können.« Doch Unternehmen wie TCMC begannen vielmehr, im Norden des Landes nach Wasser zu bohren und das Wasser per Lastwagen in die Fabriken zu fahren. Aber nicht nur der Wasserverbrauch, auch der anfallende Müll ist eine Herausforderung bei der sehr aufwendigen Herstellung von Chips.

Die Nachrichtenplattform Heise berichtete unlängst davon, dass eine einzige Intel-Fabrik in Ocotillo im US-Bundesstaat Arizona allein in drei Monaten fast 15 000 Tonnen Abfall produziert hatte, von denen etwa 60 Prozent als gefährlich gelten. Zudem verbrauchte die Fabrik rund 927 Millionen Gallonen (4,2 Milliarden Liter) Frischwasser, womit man rund 1400 Schwimmbecken von Olympia-Format hätte füllen können. Und vor allem ist die Produktion ein Energiefresser: Der Stromverbrauch belief sich in derselben Zeit auf 561 Millionen Kilowattstunden.

Die Produktion von Halbleitern ist also alles andere als klimafreundlich. Heise zitiert in besagtem Text zudem den Harvard-Forscher und Energieexperten Udit Gupta, der mit seinem Forschungsteam zu dem Ergebnis gekommen ist, dass der größte Teil des Kohlenstoffausstoßes elektronischer Geräte auf die Chipherstellung und nicht auf den Energieverbrauch zurückzuführen sei.

Der hohe Wasserverbrauch ist übrigens auch ein Grund für die Kritik am Aufbau von Chipfabriken an deutschen oder europäischen Standorten. Dass Millionen Tonnen an Wasser abgepumpt werden, ist in Zeiten zunehmender Hitze- und Dürrephasen auch auf der Nordhalbkugel ein schwerwiegendes Argument gegen eine Produktionsstätte. Was den Energieverbrauch angeht, kommt jedoch Bewegung in die Chipherstellung. Der Druck vonseiten der Investoren und auch von Firmen wie Apple, die ihren Kunden umweltfreundlichere Lieferketten bieten wollen, nimmt weiter zu. Das Thema Verantwortung und Ressourcenschonung wird zentraler, und auch die Halbleiterindustrie wird noch intensiver klimafreundliche Maßnahmen entwickeln und umsetzen müssen.

Doch die Halbleiterkrise hat neben dem ESG-Aspekt auch geopolitische Relevanz: Der Konflikt zwischen den USA und China offenbart sich auch hier, beim Thema Chipmangel, denn aus Taiwan stammt jeder fünfte Chip weltweit. Auf der Insel werden die modernsten Halbleiter hergestellt. Und wenn Chinas Staatschef Xi Jinping die Wiedervereinigung mit Taiwan fordert, droht ein folgenreicher Konflikt. Taiwan widerspricht zwar vehement der Führung in Peking, will Stärke und Unabhängigkeit zeigen, doch die Kriegsgefahr ist virulent, und sollte es im südchinesischen Meer zu einer kriegerischen Auseinandersetzung kommen, hätte das dramatische Folgen: nicht nur für Taiwans Bevölkerung, sondern auch für die Chipbranche des Landes – und damit für die ganze Welt.

Es steht aber noch ein anderer Verdacht im Raum: Aus Angst vor den Auswirkungen des Handelskonflikts zwischen den USA und China, so vermuten manche Beobachter, würden Chips einfach nur gehortet. Und dieses Hamstern würde den globalen Chipmangel weiter verschärfen. Das glaubt zumindest Mark Liu, Vorsitzender des Verwaltungsrats von TSMC. Gegenüber dem amerikanischen Magazin *Time* sagte Liu:»Es gibt definitiv Leute, die wer weiß wo in der Lieferkette Chips anhäufen.« Man habe bei TSMC, so Liu, begonnen zu untersuchen, welche Kunden wirklich Chips benötigen und welche sie möglicherweise nur bevorraten. Diese Untersuchungen hätten zu schwierigen Entscheidungen bei der Priorisierung von Aufträgen geführt, also bei der Frage, wer Chips bekommt und wer nicht. Auch für den Konzern ein Novum.»Wir lernen ebenfalls, denn so etwas haben wir zuvor noch nie machen müssen«, sagte Liu. Wer genau hortet, wo gehortet und welches Ziel damit verfolgt wird, ist offenbar unklar – oder wird öffentlich nicht kommuniziert. Aber auch die US-Regierung vermutet, dass die Chip-Hortung eine der Ursachen des Chipmangels ist.

Und mittendrin unser Spielzeughersteller, der für die Produktion Chips benötigt und keine bekommt. Zunächst galt es, ihm umfassend aufzuzeigen, worauf der Chipmangel beruht. Wir zogen unsere Experten in Asien zu Rate, befragten Technologieexperten, nutzten langjährige Kontakte, um zu erfahren, ob gehortet wird, wo gehortet wird, ob es noch Möglichkeiten gibt, an Chips zu kommen. Alles wurde in Betracht gezogen. Im nächsten Schritt versuchten wir die Frage zu beantworten, wie sich die Lage entwickeln wird – ob sie sich jemals wieder entspannen wird, wie man frühzeitig seinen Bedarf decken kann und was Europa plant. So hat die EU im Mai 2021 angekündigt, ihre Mitgliedsstaaten und die Industrie zu einer europäischen Halbleiterallianz zusammenzubringen. EU-Binnenmarktkommissar Thierry Breton will den Anteil europäischer Firmen an der Halbleiterfertigung bis zum Jahr 2030 von 10 auf 20 Prozent verdoppeln, um die Abhängigkeit von den amerikanischen und asiatischen Herstellern zu senken. Und TSMC möchte laut Verwaltungsrats-Chef Liu in den nächsten drei Jahren allein 100 Milliarden US-Dollar in die Fertigungskapazitäten investieren. Das sei zwar eine enorme Summe, sagte Liu gegenüber *Time*: »Aber je mehr ich es mir anschaue, es wird nicht ausreichen.«

Unser Spielzeughersteller wird nun in jedem Fall seine Strategie der Chipbeschaffung anpassen – und das Thema an prominenter Stelle auf die Unternehmensagenda setzen.

Die Herstellung von Mikrochips ist äußerst anspruchsvoll. Mehr als 1000 Prozessschritte werden benötigt, um die hauchdünnen Siliziumscheiben herzustellen. Dazu bedarf es spezieller, nahezu staubfreier Fabriken. Hinzu kommt, dass Silizium zwar kein Mangelrohstoff auf der Erde ist, von den weltweit rund acht Millionen Tonnen jährlich aber 2020 mehr als fünf Millionen Tonnen in China gewonnen wurden. Die wichtigsten Abnehmer sind die großen Tech-Konzerne: Allein das Unternehmen Apple benötigt so viele Halbleiter wie die gesamte Autobranche. Deren Anteil liegt bei 12 Prozent, und eigentlich sollte man annehmen, ein für die deutsche Industrie zentrales Vorprodukt müsste auch in Deutschland hergestellt werden.

Doch weil die Produktion so aufwendig und sehr teuer ist, gibt es kaum Halbleiterunternehmen in Europa. Deutsche und europäische Unternehmen spielen global gesehen kaum eine Rolle. Weltweit führend in der Produktion von Halbleitern ist die oben erwähnte Taiwan Semiconductor Manufacturing Company (TSMC) mit rund 90 Prozent Marktanteil im High-Performance-Computing. Der nach Umsatz zweitgrößte Fertiger ist die Foundry-Tochter des südkoreanischen Samsung-Konzerns. Design und Entwicklung erfolgen jedoch überwiegend im Silicon Valley. Und in Europa? Weder noch.

Um technologisch mithalten zu können, müssten in Europa zum einen Lieferketten unabhängiger gestaltet werden, und zum anderen müssten die EU-Länder im Bereich Mikroelektronik viel stärker zusammenarbeiten. So haben sich 19 EU-Staaten, darunter auch Deutschland, im Dezember 2020 in einer gemeinsamen Erklärung verpflichtet, eine europäische Allianz für Mikroelektronik und Prozessoren aufzubauen. Das wird aber nicht reichen, wir brauchen auch Produktion und Designfähigkeiten, wir benötigen über die ganze Wertschöpfung hinweg ein Ökosystem für das Internet of things. Wir sollten hier in Europa aufzeigen, wie Hardware und Software zusammengehen können; wir sollten die Zukunft des Maschinenbaus, der Autoindustrie aufzeigen. Doch auch hier gilt: Der Begriff »Nachholbedarf« ist eher ein Euphemismus.

»Da kommen wir nicht hin«

Wolf-Henning Schneider, CEO des Automobilzulieferers ZF Friedrichshafen, zeigte sich im Gespräch mit dem Deutschlandfunk im Februar 2021 wenig optimistisch: »Bei den Hochleistungsrechnern sind wir so weit hinten dran – da gibt es momentan kein einziges europäisches Unternehmen, das auch nur annähernd in die Nähe der Vorreiter hier in der Welt kommt – da sehe ich das über die nächsten paar Jahre als absolut nicht realistisch an, dass wir dahin kommen.« Vielmehr sei wohl zu befürchten, dass asiatische Chiphersteller und -zulieferer in Europa auf Einkaufstour gingen, um sich auch die zartesten Pflänzchen einzuverleiben. Vor allem China hat Nachholbedarf und will sich ebenfalls unabhängig von ausländischer Chiptechnologie machen.

Die kleine Welt der Mikrochips ist Schauplatz für große Weltpolitik geworden. Und Europa und gerade Deutschland, das stark von seiner Autoindustrie abhängt, ist besonders betroffen. Die Verfügbarkeit von Chips wird immer wichtiger. In diese Technologien muss in Europa viel stärker investiert werden, um die derzeitige extreme Abhängigkeit zu schmälern. Die USA haben unter Präsident Biden 2021 ein neues Innovations- und Wettbewerbsgesetz mit einem Gesamtvolumen von rund 120 Milliarden US-Dollar auf den Weg gebracht. Dazu gehört auch der Aufbau von konkurrenzfähigen Halbleiterfabriken in den USA, unterstützt durch die amerikanische Regierung, indem 30 Prozent der Kosten vom Staat übernommen werden. Das alles eingebettet in Investitionen in Universitäten und Forschungszentren und flankiert durch Sanktionen und Maßnahmen, die auch außerhalb der USA angewendet werden. Dahinter steckt eine umfassende Strategie, und in der Tat gilt: Industriestrategie ist Technologiestrategie ist Sicherheitsstrategie. Genau davon sind wir in Europa, vor allem aber in Deutschland, allerdings noch weit entfernt.

Die militärische Komponente

Wie wir gesehen haben, ist die Sicherung von Lieferketten in erster Linie ein geopolitisches Thema – und eben auch ein militärisches. Denn wir sollten nicht außer Acht lassen, dass die Verfügbarkeit von Halbleitern enormen Einfluss auf die Produktion moderner Waffensysteme hat. Es gibt in diesem Wettrüsten auf Tech-Ebene eine eindeutige militärische Komponente, denn Fakt ist: Wer die Chips hat, hat die Macht und kontrolliert andere, abhängige Spieler. Und eine Abhängigkeit ist sehr real: Keine Chips zu haben heißt, keine Computer, keine Digitalisierung, keine KI zu haben, kein gar nichts.

Wer die Chips liefert, kann zudem neben den zugesicherten Spezifikationen noch unbeschriebene weitere, nicht erkennbare Funktionen integrieren, die dem Lieferanten unerlaubten Zugriff auf die im Chip verarbeiteten Daten eröffnen. Dem Chip sieht man das nicht an. Sicherheit können da nur aufwendige und umfangreiche Tests liefern – und um wirklich Sicherheit zu erlangen, müsste jeder einzelne Chip solchen Tests unterworfen werden. Wenn wir der Vorherrschaft der führenden Digitalnationen nicht nur staunend zusehen wollen, wenn wir in der Autoindustrie unsere Vorherrschaft verteidigen wollen und wenn wir den Slogan von mehr Souveränität für Europa ernst nehmen, sollten wir uns rasch aus der Abhängigkeit insbesondere von der asiatischen Halbleiterindustrie lösen.

»Standardisiert, gesund und nachhaltig«

Die Chipproduktion ist die eine Baustelle. Die andere technologische Herausforderung liegt in den Plattformen. Auch hier haben wir in Europa keine vergleichbaren Anbieter. Weder gibt es Unternehmens-Cloud-Angebote zum Steuern von Prozessen und Datenverarbeitung noch Endkundenplattformen zum Einkaufen, Kommunizieren oder Suchen. Was uns nicht davon abhält, zu regulieren. Mit dem Digital Market Act sollen auf europäischer Ebene die Monopolstrukturen aufgebrochen, mit dem Digital Service Act Inhalte stärker reguliert werden. Beides sind gute und richtige Absichten, deren Umsetzung im Detail aber unglaublich kompliziert ist – und häufig wird bereits gefragt, ob wir uns damit nicht selbst von Innovationen abschneiden. Noch umstrittener ist das Thema Datentransfers und die Frage, welche Unternehmen und vor allem welche staatlichen Behörden welches Landes auf welche Daten zugreifen dürfen. Dabei ist das ein zentraler Punkt, der enorme Konsequenzen für Geschäftsmodelle hat.

Nichts gegen Plattformregulierungen – sie können, sofern überhaupt vorhanden, durchaus Sinn ergeben. Welchen Effekt eine Plattformregulierung allerdings haben kann, zeigt ein Beispiel aus Indien. Die beiden US-amerikanischen Handelsgiganten Amazon und Walmart erlitten 2019 auf dem indischen Markt einen Rückschlag. Zum damaligen Zeitpunkt hatten sie 16 Milliarden US-Dollar (Walmart) beziehungsweise 5,5 Milliarden US-Dollar (Amazon) im Subkontinent investiert, und zwar in den dort gleichermaßen boomenden Internethandel. Doch dann trat in Indien etwas überraschend eine neue Plattformregelung in Kraft, die die beiden Konzerne empfindlich ausbremste. Sie durften ab sofort in Indien nur noch Produkte von Firmen verkaufen, an denen sie nicht beteiligt sind. So sollte sichergestellt werden, dass die großen E-Commerce-Firmen als neutrale Handelsplattformen agieren, die jedem Verkäufer in Indien die gleichen Bedingungen einräumen.

Auch China bemüht sich seit geraumer Zeit, Online-Händler zu bändigen, nicht zuletzt die eigenen Online-Giganten wie beispielsweise Alibaba. Mit der Regulierung von Internetplattformen sollen in China Marktanteile festgestellt und damit monopolistische Strukturen ermittelt werden, mit dem Ziel, Transaktionsvolumen zu begrenzen. China geht es darum, die Plattformwirtschaft »standardisiert, gesund und nachhaltig weiterzuentwickeln«, so Staatspräsident Xi Jinping im Frühjahr 2021. Und das klingt nicht nur nach Kontrolle, das *ist* Kontrolle, und zwar politische Kontrolle der Partei über Geschäftsmodelle, Inhalte und Marktmacht von Internetgiganten.

Technologiegetriebene Geopolitik

Fassen wir zusammen: So viel Technologie war noch nie. Noch nie bestimmten technologische Sprünge in so rascher Folge das Handeln von Wirtschaft und Industrie. Technologie gerät unter geopolitischen Einfluss und verteilt ihrerseits die Karten im geopolitischen Pokerspiel. Man könnte sagen: Den Nerds war das schon immer klar. Die haben das längst vorhergesagt. Wie sie auch seit geraumer Zeit betonen, dass Deutschland und Europa mächtig hinterherhinkten. Die fünf größten amerikanischen Tech-Riesen investieren gemeinsam mehr in wegweisende Technologien als alle deutschen Unternehmen, Universitäten und Forschungseinrichtungen zusammen. Da droht ein enormer Rückstand. Man nehme nur das Beispiel Quantencomputing.

Mithilfe von Quantencomputern sollen sich künftig mathematische Probleme einige Zehntausend Mal schneller lösen lassen als mit einem normalen PC. Mit dem Quantencomputer werden große Zukunftshoffnungen verknüpft, sowohl was die nächste Verschlüsselungsgeneration anbelangt als auch in Bezug auf Innovationen, zum Beispiel in der Medizin, oder auf die Entwicklung völlig neuer Materialien bis hin zu Optimierungen in der Logistik. Und es war das Forschungsteam von Google, das im Herbst 2019 ein Papier zum Thema Quantencomputer im Fachblatt *Nature* veröffentlichte. Das Unternehmen verkündete, einen funktionierenden Quantencomputer bauen zu wollen. Auch wenn sicher viel PR dabei war, hat ein Konzern doch zumindest starke Hinweise auf die Funktionsfähigkeit von Quantencomputing erbracht. Nicht die Forscher:innen eines Universitätsinstituts oder einer staatlichen Forschungseinrichtung. Man könnte sicher noch weitere Beispiele dafür aufzählen, wie wir in Europa staunend auf die Sprunginnovationen in anderen Teilen der Welt blicken – statt selbst welche hervorzubringen. Ich, Katrin Suder, sitze seit mehr als drei Jahren im oben erwähnten Digitalrat der Bundesregierung. In diesem Gremium haben wir der Politik regelmäßig genau diese Entwicklung aufgezeigt. Der Tenor war dabei immer: Zwar sind wir in Deutschland immer noch führend im Ingenieurwesen, im Maschinenbau, aber entscheidend ist eben, ob es uns gelingt, diese Hardware mit der Datenwelt, der Software zusammenzuführen. Es ist ein bisschen wie ein Wettrennen: Gelingt es den Unternehmen im Silicon Valley schneller, die Hardware zu adaptieren, als unserer Hardware-basierten Wirtschaft, die Software zu adaptieren? Anders gefragt: Baut Apple – oder Tesla – das Auto der Zukunft? Oder doch Audi? Vorsprung durch Technik? Und wenn ja, durch welche und wer kontrolliert sie?

Neuer geopolitischer Rohstoff

Zwar steht Deutschland gemessen an Macht, Einfluss und auch am Bruttoinlandsprodukt nach Schätzungen des Internationalen Währungsfonds (IWF) jeweils auf einem vierten Platz in der Welt. In der Machtfrage hinter den USA, Russland und China, beim BIP hinter den USA, China und Japan. Deutschland als alleiniges Zugpferd in Europa ist jedoch zu schwach; es fehlen Verbündete, es fehlt der digitale Binnenmarkt, die digitale Wirtschaftsleistung. Der Grad der Digitalisierung, oder besser: das Ausmaß der Verbreitung und die Nutzung digitaler Technologien ist ein Gradmesser für die Wirtschafts- und Innovationskraft und daher von geopolitischer Bedeutung, sozusagen ein neuer geopolitischer Rohstoff.

Die beiden Supermächte USA und China – man kann bei der Digitalisierung beim besten Willen nicht von einem Dreieck einschließlich Europas sprechen – sind dabei, im Zuge der Digitalisierung den freien Markt und den multilateralen Handel weiter zu beeinflussen, zu beschränken, zu regulieren oder gar umzulenken mit dem klaren Ziel einer weltweiten Vormachtstellung. Jede derartige Vormachtstellung muss auf zwei soliden Beinen stehen: Zum einen bedarf es einer starken Wirtschaft, gestützt auf technologische Innovationsfähigkeit und vernünftige Regulierung sowie auf ausreichende Finanzressourcen, und zum anderen bedarf es der klassischen militärischen Machtmittel. Langfristig entscheidender werden Wirtschaft, Innovation und Finanzmittel sein, weil nur sie positive neue Werte schaffen können. Militärische Machtmittel können drohen, abschrecken, aber im schlimmsten Fall nur zerstören und vernichten.

Für die künftige Weltordnung wird rein militärische Überlegenheit immer weniger ins Gewicht fallen, vielmehr werden Wirtschafts-, Innovations- und Finanzkraft darüber entscheiden, wer welche Ziele vorgeben und erreichen kann. Aufgrund der Bedeutung von Digitalisierung und Technologie sind Technologiethemen nicht mehr nur Wirtschaftsthemen, sondern sie haben geopolitische Bedeutung. Die Frage, wie sich Unternehmen verhalten, insbesondere deutsche, die bislang Globalisierungsgewinner waren, hat daher weit mehr als nur eine wirtschaftliche Dimension. Wie schon ausgeführt wird Amerika auch unter Präsident Joe Biden den Druck auf Deutschland und Europa, sich gemeinsam mit den USA gegen China zu stellen, aufrecht erhalten.

Der vormalige US-Präsident Donald Trump war für seine lautstarken, plakativen und drastischen Ankündigungen bekannt. So verkündete er beispielsweise, dass chinesische Technologiekonzerne wie Alibaba und Tencent auf schwarzen Listen platziert würden, vor allem weil sie Verbindung zum chinesischen Militär hätten. Im ersten Jahr der Biden-Administration ist der Ton leiser, verbindlicher und auch partnerschaftlicher geworden, aber inhaltlich hat sich wenig geändert. Wie in der Geopolitik wurde auch in puncto Technologie nichts zurückgenommen. Trump hatte während seiner Amtszeit immer wieder chinesische Apps mit Verweis auf die nationale Sicherheit und auf möglichen Datendiebstahl ins Visier genommen und unter anderem Transaktionen mit dem beliebten Kurzvideodienst TikTok und dem Chat- und Bezahlanbieter WeChat von Tencent untersagt. Da er jede dieser Entscheidungen zur Selbstdarstellung nutzte, verbindet man diese Maßnahmen eng mit den Namen Trump, und so ist im vergangenen Jahr ein wenig aus dem Blick geraten, dass sie weiterhin Bestand haben.

Das Gleiche gilt im Übrigen auch für die Strafmaßnahmen gegen Anwendungen wie den Bezahldienst Alipay von der Ant Group, QQ Wallet von Tencent Holdings sowie WeChat Pay und die Büro-Software WPS Office von Kingsoft Office Software. Sie alle stehen im Verdacht, Peking und dem chinesischen Militär zu dienen. Zu den Sanktionen von amerikanischer Seite gehört auch das bereits beschriebene Delisting, wonach bestimmte chinesische Aktien nicht mehr an US-amerikanischen Handelsplätzen gehandelt werden dürfen, darunter fast schon erwartungsgemäß Aktien chinesischer Halbleiter- und Rüstungsfirmen. Damit werden gezielt Investitionen oder sonstige Geldzuflüsse an Technologiefirmen beeinflusst.

Es heißt heute nicht mehr »America first«, sondern »America best« – oder noch eindeutiger: »China second!« Nochmals: China ist der erklärte strategische Rivale und eindeutiges Top-Thema der Biden-Administration. China soll (vor allem) technologisch abgekoppelt werden, die USA hingegen die einflussreichste Weltmacht sein und bleiben – der beste Hebel dazu ist eben Technologie.

Technologische Autonomie erreichen

Wer was warum verbietet, das entscheiden in erster Linie die USA. Deutschland und Europa sind dabei meist außen vor. Und das aus einem einfachen Grund: Wir haben nicht genug des neuen »Rohstoffs«, um mitreden zu können. Die Daten, die Chips, die Plattformen sind woanders. Das gilt auch für militärische Operationen. Trump hat zum großen Schrecken der westlichen Alliierten angekündigt, die NATO sei obsolet. Dennoch hat seine Administration engen Kontakt zu den Verbündeten in Brüssel gehalten. Biden spricht verbindlicher und kollegialer, aber er kann durchaus unilateral handeln, zuletzt beim Abzug aus Afghanistan, als es zu wenig Abstimmung mit den Verbündeten gab.

Und China? Seit dem sogenannten Ausbruch der US-Sanktionen hat sich ein Muster ergeben: Wenn der eine etwas verbietet, zieht der andere nach, und die internen Investitionsprogramme streben an, sich gegenseitig zu überbieten. Gleiches wird mit Gleichem vergolten.

So hat China beispielsweise jüngst allen seinen Beamten verboten, Hardware und Software aus den USA zu nutzen.

Das hat zu einem riesigen staatlichen Austauschprogramm geführt. Insgesamt mussten nahezu 30 Millionen Geräte ersetzt werden. Es zeigt einmal mehr, dass in China politische Erwägungen, vor allem solche der Herrschaftssicherung der Partei, unbedingten Vorrang vor wirtschaftlichen Aspekten haben. 2019 lag der Marktanteil von amerikanischen Geräteherstellern in China bei 22,2 Prozent (HP), 16,9 (Dell) beziehungsweise 5,9 Prozent (Apple). Marktführer war im selben Jahr der chinesische Hersteller Lenovo (25 Prozent), doch diese Anteile haben sich bereits im Jahr 2021 massiv zugunsten der heimischen Marken verschoben.

Chinas Ziel ist dabei klar: Es will nicht nur technologische Autonomie, sondern globale Vorherrschaft im Tech-Sektor erreichen, und das ganz selbstverständlich auch durch Druck auf ausländische Hersteller, gleich wie zukunftsweisend deren Produkte sind. Und da zeigt sich das Dilemma: China ist zwar führend in etlichen Zukunftstechnologien, beispielsweise bei Gesichtserkennung und gezielter Auswertung von Big Data, aber eben noch nicht in puncto »Basistechnologien«.

Und genau das wird nun nachgeholt.

Gemäß dem aktuellen Fünfjahresplan wird die Technologieindustrie von Peking künftig massiv gefördert, vor allem im Bereich Blockchain, künstliche Intelligenz und 5G. China will hier neue Standards setzen, und das eindeutig mit politischen Regulierungen, die im besten Fall zu innovativen Lösungen und damit nachhaltigem Wachstum führen sollen. Gleichzeitig – und diese Entwicklung ist neu – engagiert sich China zunehmend in den weltweiten Standardisierungsgremien, will dort seine eigenen Technologiestandards durchsetzen, im Wettstreit mit der anderen Technologiegroßmacht, die aber nicht Europa heißt. Was uns bleibt, ist die Zuschauerrolle. Im besten Fall können wir Schlüsse aus der Entwicklung ziehen.

Die Industriepolitik in den 2020er-Jahren wird weniger vom Automobil, von Stahl oder Maschinenbau bestimmt als vielmehr vom Besitz und der Steuerung von Technologien und Technologieunternehmen. Das heißt: Der Einfluss von staatlicher Seite auf den Technologiesektor wird zunehmen; er ist bereits heute immens, nicht nur in China, sondern auch in den USA und ebenso in den europäischen Ländern. Das ist nicht zuletzt auf die Pandemie zurückzuführen. Das Problem liegt darin, dass China und die USA mit einem stark gebündelten zentralen Willen agieren können, während sich in der EU immer 27 (höchst unterschiedlich leistungsfähige) Akteure einigen müssen und eines der wichtigsten und leistungsfähigsten Länder Europas, das Vereinigte Königreich, aus der EU ausgetreten ist.

Die Welt ist seit Corona stärker auf Technologien angewiesen denn je. Und die bittere Erkenntnis für Europa lautet: Wir sind enorm abhängig von den großen Playern. Wir sprechen von digitaler Souveränität, entwerfen Gaia-X und kaufen dann, selbst wenn es immer wieder andere Bemühungen gibt, bei den großen Plattformen ein oder machen uns weiter von deren Ökosystemen abhängig. Welche Konsequenzen hat das für deutsche Firmen? Wie sollen sich Unternehmen in Europa und Deutschland in diesem Technologiewettstreit verhalten? Gibt es überhaupt noch Chancen, technologisch wenigstens halbwegs mitzuhalten, oder ist der Zug längst abgefahren?

Das ist letztlich alles eine Frage der Spielregeln. Deutsche Unternehmen, die in China als zentralem Wachstumsmarkt (weiterhin) vertreten sein wollen, die aber gleichzeitig auf die von den USA dominierten Cloud-Dienste und

Halbleiter angewiesen sind, sollten sich eher früher als später damit beschäftigen, was die neuen Regeln und geopolitischen Aktivitäten konkret für sie bedeuten. Das beginnt mit praktischen Fragen, die gestellt werden müssen, um sich im schnell verändernden Wirrwarr von lokal unterschiedlichen Gesetzen zurechtzufinden: Worin genau bestehen die neuen Regelungen? Was droht bei einem Vergehen? Gibt es jemanden im Umfeld, der Mandarin ebenso gut wie Englisch spricht, um die Regelungen im Detail zu verstehen und dann auf ihre Auswirkungen hin zu übersetzen? Noch viel wichtiger, als die Regelungen im Wortlaut zu verstehen, wird sein, abschätzen zu können, wie sie tatsächlich umgesetzt werden. Wir kennen zahllose Länder, in denen detailliert ausformulierte Vorschriften bestehen, die von der Exekutive jedoch, wenn überhaupt, nur sehr lax und selektiv angewandt werden.

Aber es geht auch um größere strategische Fragen: Hilft die Tatsache, ein deutsches Unternehmen zu sein, oder schadet sie eher? Braucht es neue juristische Einheiten? Das bedeutet so viel wie: Sollten Unternehmen in den jeweiligen Ländern eine neue juristische Person installieren, eine neue GmbH, eine neue Firma, um nicht mehr ein deutsches Unternehmen zu sein? Apple oder auch Microsoft haben es vorgemacht und sich mit neuen Unternehmensgründungen als juristische Person »verändert«. Darüber hinaus lautet die Frage mit Blick auf Technologie: Geht man Partnerschaften ein? Man kann sich dieses Wissen einkaufen, es sich selbst aufbauen oder, sofern vorhanden, auf das eigene Netzwerk zurückgreifen. Was nicht geht: untätig bleiben.

Ein Beispiel: Eine weltweit tätige Bank stand vor einer großen Herausforderung. Es ging um globale Finanzdienstleistungen, um Datenflüsse und Datenströme, die über Landesgrenzen hinaus abrufbar sein und auf einer globalen IT zusammenkommen sollten. Diese globalen Strukturen waren mühsam und mit erheblichen Investitionen aufgebaut worden, um Skaleneffekte zu heben und Standardisierung sowie Effizienz zu treiben. Doch zunehmende Regulierungen in einzelnen Ländern und Bestimmungen darüber, welche Daten das Land nicht verlassen dürfen, wurden zum Problem. Konnten Datenströme und Datenspeicherung bis dahin zentral organisiert werden, stieß die IT nun im wahrsten Sinne des Wortes an ihre Grenzen. Natürlich wollte man seine Märkte nicht aufgeben.

Auf der anderen Seite konnte ein problemfreier Datenfluss nicht mehr gewährleistet werden. Eine Lösung wäre gewesen, in dem jeweiligen Land ein neues Rechenzentrum, ja teilweise eigene Software und spezifische Hardware-Komponenten aufzubauen, nur für das jeweilige Land, gemäß den dort geltenden Richtlinien und den geopolitischen Technologievorgaben. Das geht allerdings ins Geld; Kosten in Millionenhöhe und aufwendige Migrationen mit erheblichen Risiken sind hier normal. In der Konsequenz bedeutet das: Sollten weitere Regulierungen in anderen Ländern in Kraft treten, müssten weitere Rechenzentren errichtet werden, die Kosten würden ins Unermessliche steigen. Also begann man, eine dezentrale IT für die ganze Welt aufzubauen – eine flexibel handhabbare IT, die agil Regulierungen miteinbeziehen kann, die das sogenannte *geopolitics by design* berücksichtigt.

Auch das kostet Zeit und Geld, aber eben nur einen Bruchteil dessen, was eine starre, weniger agile Lösung erfordert hätte. Deshalb der Rat: Man muss sich darauf vorbereiten.

Technologie: Was ist zu tun? Handlungsempfehlungen

Wie sollen sich deutsche Unternehmen also angesichts der wachsenden Bedeutung und Politisierung von Technologien verhalten?

Agenda-Setting

Es muss darüber gesprochen werden. Geopolitische Technologiethemen sind von nun an Vorstandsthemen – und müssen mit Kompetenz und breitem Wissen diskutiert werden. Nur wenn geopolitische Technologiethemen regelmäßig auf der Agenda stehen, gelingt es, Risiken im Blick zu halten und gemeinschaftlich anzugehen.

Status-Assessment

Woher kommen unsere eingesetzten Technologien? Als Basis für Entscheidungen gilt es von nun an, eine geopolitische Technologie-Exposure-Analyse durchzuführen und diese regelmäßig zu aktualisieren. Exposure-Analyse bedeutet, sich ein genaues Bild davon zu machen, welche Technologien von welchen Herstellern wo gebaut und in welchen Ländern eingesetzt werden. Dazu gehört auch, zu analysieren, welche Daten wo erhoben und wo verarbeitet werden. Diese geografische Dimension war bislang in der Regel nicht relevant, nun ist sie es umso mehr. Das Status-Assessment, also die genaue Analyse des Ist-Zustands, bildet die Basis, auf der das jeweilige geopolitische Risiko bewertet werden kann.

Strategie und Governance

Mithilfe des Status-Assessments lassen sich nun Strategien zur Mitigation der Risiken entwickeln. Technologie muss dazu ebenso wie Geopolitik gleichermaßen in die Unternehmensstrategie eingebunden werden. An welchem Standort Investitionen getätigt werden oder auch, wie Architektur, Datenstrategie und Providermanagement definiert werden, sind eben nicht mehr nur technologisch relevante Fragen, sondern auch geopolitische. Dazu gilt es eine entsprechende Governance, ein Regelwerk, zu schaffen, damit Geopolitik und Technologie zusammengedacht werden, im Hinblick auf strategische Entscheidungen und deren Umsetzungen.

Risikomanagement

Es braucht eine präzise Vorbereitung. Dazu sollten Unternehmen Notfallpläne entwickeln, um schnell reagieren zu können. Die Erfahrung zeigt, dass eine Regulierung rasend schnell kommen kann. Urplötzlich kann eine Regierung entscheiden, dass Daten das Land nicht mehr verlassen dürfen oder eine bestimmte Technologie nicht mehr verwendet werden darf. In diesem Fall muss ein Unternehmen wissen, was zu tun ist. Wir leben in der »Archipelago-Welt« – einer zunehmend fragmentierten Inselwelt, wie es Nader Mousavizadeh, der Gründer und CEO von Macro Advisory Partners, so treffend bereits vor fast zehn Jahren vorhersagte. Das bedeutet auch: Sicherheit und Vorhersagbarkeit gibt es in altbekannter Form nicht mehr, eine Notfallsituation kann jederzeit eintreten.

Cyber

Kennen Sie den CISO Ihres Unternehmens, also den oder die Verantwortliche:n für Informationssicherheit? Nein? Dann lernen Sie ihn oder sie schnellstmöglich kennen! Unter Umständen ist das eine:r Ihrer wichtigsten Mitarbeiter:innen. Und falls IT-Sicherheit in Ihren Augen auf den ersten Blick keine geopolitische Dimension besitzt, so bedenken Sie: Cyber-Angriffe haben immer häufiger einen hochpolitischen Hintergrund. Darauf müssen Sie vorbereitet sein. Entwickeln Sie daher ein Playbook oder auch mehrere, in denen Sie festlegen, was im Falle eines Angriffs getan werden muss – und wie groß Ihr Risiko ist.

Kapitel 8
WIE UNTERNEHMEN POLITISCHER WERDEN

Die Welt hat sich geändert, daher sind Unternehmen gezwungen, sich ebenfalls zu ändern. Und auch wenn in den internationalen Beziehungen das Primat der Politik gelte, »haben Unternehmen eine wichtige Rolle im Austausch zwischen Ländern – und müssen sich daher auch zu politischen Themen verhalten«, schreibt der BDI.

Es gilt nun konkret, Themen wie Geopolitik, ESG und Technologie in Organisationen zu verankern und sowohl die Haltung als auch die Unternehmenskultur anzupassen. Eine große Herausforderung. Wir zeigen Ihnen im Folgenden, wie Sie Ihr Unternehmen »politischer machen« können.

Zunächst richtet sich dabei der Blick auf die »Politik-Abteilungen« – die in Unternehmen meist als Government Relations, Public Affairs, Public Policy oder External Relations bezeichnet werden (wir verwenden die Begriffe synonym). Wir glauben, dass in den meisten deutschen Unternehmen eine deutliche Aufwertung dieser Abteilung sinnvoll ist. Dabei gilt es die Aufgabenteilung zwischen Government/Public Affairs, Kommunikation und Strategie anzupassen und die Zusammenarbeit zwischen diesen Bereichen zu verstärken.

Eckart von Klaeden war Bundestagsabgeordneter, Parlamentarischer Geschäftsführer der CDU-Fraktion und Schatzmeister der CDU; von 2009 bis 2013 war er Staatsminister im

Bundeskanzleramt, verantwortlich für Bürokratieabbau. Von Klaeden ist also Vollprofi; er kennt das politische Geschäft, weiß, wie Kompromisse ausgehandelt, wie Entscheidungen getroffen werden. Er kennt die Feinheiten, die außen- und innenpolitischen Verstrickungen, die man immer im Auge behalten muss. Inzwischen ist von Klaeden Leiter des Bereichs Politik und Außenbeziehungen bei der Daimler AG und damit so etwas wie der »Außenminister« des Unternehmens.

Ein Automobilkonzern ist auch ein politischer Akteur: Viele Pläne, globale Strategien und Produktentwicklungen werden von politischen und ökonomischen Rahmenbedingungen begleitet; es geht um Handels- und Investitionsthemen, Arbeit und Soziales und natürlich Umwelt- und Klimapolitik. Um dieses breite Themenspektrum abdecken zu können, braucht es ein breit aufgestelltes Team. In von Klaedens Abteilung sind viele Disziplinen vertreten: Jura, Politik, PR, Volkswirtschaft und verschiedene Wissenschaften. Sie stehen weltweit im Austausch mit den jeweiligen Regierungen, Behörden und Verbänden, arbeiten eng mit dem operativen Geschäft zusammen und erstellen Prognosen, Vorausschauen und volkswirtschaftliche Gutachten.

Dem Daimler-Vorstand berichtet von Klaeden von den globalen politischen Entwicklungen und referiert aus Sicht seiner Abteilung, wie diese zu bewerten seien und was aus ihnen folgt. Die Unternehmensführung müsse wissen, was in der Welt vor sich geht. Hinzu komme etwas Neues: »Unternehmen sehen sich heute immer stärker mit der Frage konfrontiert: ›Positionierst du dich politisch und wenn ja, wie?‹«, sagt von Klaeden. Bei unserem Gespräch in seinem Büro am Potsdamer Platz in Berlin berichtet er davon, dass es inzwischen eine »neue Dimension der internationalen Debatten« gebe, die Unternehmen sehr aufmerksam verfolgten. Das könnten beispielsweise die Lieferkettenthematik, die Taxonomie auf EU-Ebene oder eben die globalen Handelsbeziehungen sein. Dazu bedürfe es kontinuierlicher Beobachtungen und Analysen, es müssten viele Gespräche mit der Politik auf nationaler wie internationaler Ebene geführt werden. Vor allem müsse darauf geachtet werden, die richtigen Gesprächspartner:innen auszusuchen. Dazu brauche es politisches Fingerspitzengefühl.

Ein tiefes Verständnis von Politik ist in dieser neuen geopolitischen Welt eine zentrale Voraussetzung für geschäftlichen Erfolg geworden. Vor allem aber ist die Arbeit einer Public-Affairs-Abteilung weit mehr als »nur« Lobbyarbeit. Entsprechend wichtig ist es für Unternehmen, eben jene Public-Affairs-Abteilung neu aufzustellen: Der Fokus muss künftig weniger auf klassischer Lobbyarbeit liegen, um eine im Unternehmen definierte Strategie politisch durchzusetzen, sondern vielmehr auf der Frage, welche politischen Dynamiken es im Rahmen der Unternehmensstrategie zu berücksichtigen oder womöglich gar im Voraus zu beeinflussen gilt. Eine Reihe weitreichender Entscheidungen, beispielsweise eine Standortwahl, setzt heute ein Verständnis von Politik voraus, das weit über die einstige Vorstellung des Lobbying hinausgeht. In Zukunft wird es vornehmlich darum gehen, das Umfeld besser auszuleuchten.

Dabei empfiehlt sich der Blick auf die Details, die bei einer oberflächlichen Betrachtung oft untergehen, gerade im US-China-Konflikt. Beispielweise steht die Zahl der chinesischen Studierenden, die im Ausland studieren, für eine Entwicklung. Wir haben auch einmal untersucht, wie viele China-Konferenzen stattfinden, die das Wort »Decoupling« im Titel tragen, auch das steht für eine Entwicklung. Natürlich sind auch harte Fakten gefragt, wie beispielsweise die Absatzzahlen des Halbleiterherstellers TSCM in China oder die Absatzzahlen von Samsung oder Intel in China. Aus all diesen Daten lassen sich Entwicklungen ablesen. Kombiniert mit den Einschätzungen langjähriger Expert:innen ergibt sich ein klares Bild. Dieses zu zeichnen, ist eine inzwischen unverzichtbare Aufgabe von Unternehmen.

Ebenso unverzichtbar ist natürlich der Austausch mit Politiker:innen. Im Umgang mit ihnen sollten gerade Vorstände berücksichtigen, dass in der Politik – im Gegensatz zur Unternehmenswelt – eher weicher, unkonkreter formuliert wird. Man nennt ungern konkrete Ziele, bleibt lieber im Ungefähren. In der Politik ist auf rein sprachlicher Ebene der Ausgang einer Sache immer offen. Wenn beispielsweise ein Statement, gleich ob in Berlin oder in Brüssel, mit den Worten:»Grundsätzlich denken wir ...« beginnt, kann man fast sicher damit rechnen, dass nun keine Grundsatzfestlegung folgt.»Grundsätzlich denken wir ...« bedeutet: Ja, aber alles andere wird durch Ausnahmen geregelt.

Die Sprache der Politik lässt in der Regel viele Lösungsräume offen. Vertreter:innen der Wirtschaft fällt es oft schwer, diese schwammigen Formulierungen zu verstehen. Sie wollen sich auf eine Investition festlegen, auf eine Strategie; dazu brauchen sie eine klare Ansage.

Bei Kontakten mit Politiker:innen darf man zudem eines nicht vergessen: Sie verfolgen immer auch ihre Agenda und ihre Interessen. Oft beschreiben sie nicht den Ist-Zustand, sondern den von ihnen gewünschten. Deshalb ist es wichtig, ein breites Spektrum an Stimmen und Einschätzungen einzuholen.

WIE EINE MODERNE PUBLIC-/GOVERNMENT-AFFAIRS-ABTEILUNG FUNKTIONIEREN KANN – EIN POTENZIELLES MISSION-STATEMENT

1. BEZIEHUNGEN

Wir verfügen über ein globales Netzwerk an Expert:innen. Wir tauschen uns laufend mit den Kolleg:innen aus, mit vielen telefonieren wir einmal pro Woche, informieren uns, halten uns auf dem Laufenden, was in den einzelnen Regionen und Ländern politisch geschieht. Wir sprechen mit Journalist:innen, Diplomat:innen, Menschen in der OECD, in Thinktanks, in Ministerien. Denn um unsere Businesskolleg:innen wirklich zu unterstützen, müssen wir über ausgezeichnete und verlässliche Beziehungen verfügen.

2. FRÜHWARNSYSTEM

Ein zentrales Element unserer Arbeit ist die Vorausschau: Was geschieht wo und anhand welcher Daten kann ich etwas ablesen? Was sind die Frühwarnsignale? Wann steigt der Druck? Wie spitzt sich die USA-China-Krise zu? Woran lässt sich das festmachen? Dazu haben wir ein informelles Frühwarnsystem entwickelt, mit dem wir sehr genau prognostizieren können, wie sich die Lage entwickelt. Dabei orientieren wir uns an drei Kategorien:

I. Menschen – Was sagen die Entscheider? Wie verhalten sie sich?

II. Finanzflüsse – Wohin fließt welches Geld? Wer profitiert, wer verliert?

III. Gesetzgebung – Welche Gesetze entstehen und welche Auswirkungen haben sie?

3. ÜBERSETZUNGSLEISTUNG

Wir übersetzen politische Sprache in Wirtschaftssprache und umgekehrt. Denn viele Unklarheiten gründen sich auf sprachlichen Fehleinschätzungen. Unternehmen brauchen Planungssicherheit, meist über die aktuelle Legislaturperiode hinaus; sie brauchen etwas Handfestes, ein Signal, das ihnen anzeigt, welche Entwicklung zu erwarten ist. Unsere Aufgabe ist es, das Ungefähre in der Politik herauszufiltern, den Nebel zu lichten und Handlungsspielräume aufzuzeigen.

Geopolitik-Upgrade: Ein Wegweiser

Die geopolitische Landschaft hat sich in den vergangenen fünf Jahren grundlegend verändert. Sie ist zunehmend fragmentierter; der Multilateralismus ist in die Defensive geraten; protektionistische Tendenzen, Handelskonflikte und Sanktionen nehmen zu. Das heißt: Politische Entscheidungen sind komplexer und schwerer vorhersehbar geworden. Und: Sie sind inzwischen auch wichtige Werttreiber. Mit der Komplexität politischer Prozesse wächst die Komplexität von Entscheidungen, vor denen Wirtschaftakteure stehen. Politische Vorgaben können ganze Unternehmen und Geschäftsmodelle, ja sogar ganze Branchen infrage stellen. Im Grunde eine alte Erfahrung: Schon vor 30 Jahren hat eine politische Entscheidung für das Aus für den längst fertiggestellten Schnellen Brüter in Kalkar gesorgt. Die schon vollständig betriebsbereite Wiederaufbereitungsanlage musste daraufhin mehr oder weniger verscherbelt werden. Heute allerdings werden die politischen Entscheidungen nicht mehr nur in Deutschland gefällt, sondern auch in Washington und Peking, in Brüssel oder Neu-Delhi. Gefragt ist also die Fähigkeit, geopolitische und makroökonomische Entwicklungen zu verstehen – und so weit wie möglich vorherzusehen, um proaktiv Strategien zu entwickeln. Diese Kompetenz wird nicht nur zu einem Wettbewerbsvorteil für Unternehmen – sie könnte bald zu einer (Über-)Lebensnotwendigkeit werden.

Viele Politikabteilungen in Unternehmen haben sich nicht ausreichend auf diese externen Entwicklungen eingestellt. Sie konzentrieren sich immer noch auf traditionelle Interessenvertretung und verengen den Blick auf die eigene Hauptstadt. Das reicht aber nicht mehr. Es braucht ein Geopolitik-Upgrade. Künftig müssen Unternehmen die potenziellen Auswirkungen globaler politischer Entscheidungen auf das eigene Geschäftsmodell frühzeitig erkennen. Zudem müssen sie die eigene Struktur und Organisation evaluieren, um sicherzustellen, dass sie optimal gestaltet und robust genug ist, um in diesem sich ständig verändernden Umfeld krisensicher und erfolgreich zu navigieren. Wer künftig als Unternehmen bestehen will, wird sich an der Schnittstelle von Geopolitik und Makroökonomie bewegen müssen.

Elemente des Upgrades

Ein robustes Geopolitik-Upgrade sollte die folgenden Bestandteile aufweisen:

1. Die neue Landschaft muss abgebildet werden. Fassen Sie die wichtigsten geopolitischen und makroökonomischen Trends sowie deren Auswirkungen auf Ihr Unternehmen in einer Übersicht zusammen.
2. Blicken Sie auf Best Practices bei anderen global agierenden Unternehmen, insbesondere im Hinblick auf Ver-

schiebungen in der geopolitischen Landschaft. Welche Instrumente verwenden Organisationen, um eine sich wandelnde Welt zu analysieren?

3. Bewerten Sie Ihre bisherige Arbeit und deren Erfolge und suchen Sie nach Lücken im Vergleich zu Benchmarks. Wie kommunizieren Sie? Mit wem kommunizieren Sie? Sind Sie oder Ihre Mitarbeiter:innen in allen relevanten Hauptstädten adäquat vernetzt? Können Sie sicher sein, dass die Expertin, die Ihnen empfohlen wurde, wirklich unabhängig ist? Welche Ziele verfolgt Ihr Gesprächspartner? Wenn Sie sich auf sozialen Netzwerken zu politischen Fragen äußern: Wer sieht Ihre Posts? Wer reagiert darauf? Sind Politiker:innen darunter? Und wenn ja, welche Politiker:innen berücksichtigen Ihre Äußerungen in den sozialen Netzwerken? Greifen sie in ihren Reden und Beiträgen Ihre Argumentation auf?

4. Wagen Sie sich an Neuerungen. Erstellen Sie einen Fahrplan der Veränderung: Ordnen Sie die identifizierten Lücken nach Prioritäten, erstellen Sie eine Rangliste möglicher Veränderungen und Anpassungen. Welche Ressourcen benötigen Sie, um den Wandel zu vollziehen?

5. Entwickeln Sie einen Radar, ein Monitoring und Mapping-Tools. Damit sind Instrumente gemeint, mit denen Sie über visuelle und intuitive Signale komplexe Entwicklungen verfolgen und die entscheidenden politischen Entwicklungen aufspüren können. Kombiniert mit einem Tracking-Tool für Schlüsselereignisse und Kipppunkten für jedes einzelne Thema ermöglicht Ihnen dies eine vorausschauende, proaktive und operationalisierte öffentliche Politikarbeit. Wir erläutern weiter hinten, wie das konkret aussehen kann.

Die Arbeitsaufteilung in den meisten Unternehmen ist bisher recht stringent: Die Strategieabteilung schlägt mögliche Ziele vor, lotet aus, ob das Unternehmen für den Aufbruch bereit ist, und zeigt mögliche Routen auf, um sich diesen Zielen in den nächsten drei bis fünf Jahren so weit wie möglich anzunähern. Sie entwirft sozusagen die Landkarte, hat sowohl den Ausgangspunkt als auch den Zielpunkt im Blick und berücksichtigt die Leistungs- und Innovationsfähigkeit des Teams. Zudem achtet sie bei der Erstellung von Routen auf mögliche Klippen, Abhänge, Steilküsten oder Unwetter.

Die Politik- oder Public-/Government-Affairs-Abteilung wiederum agiert meist weitgehend unabhängig von der Strategieabteilung. Sie beschreitet ganz eigene Wege, bespricht mögliche Routen mit den politischen Entscheidern und verhandelt mit diesen über die Rahmenbedingungen, ist flexibler bei der Routenerstellung, kann über Nacht auch einen besseren Weg finden. Generell spricht diese Abteilung viel mit anderen Spielern, entdeckt dabei manchmal auch Abkürzungen oder sinnvolle Umleitungen, denn viel ist davon abhängig, wer als Lotse zur Verfügung steht.

Die Kommunikationsabteilung wiederum begleitet die Wege mit Worten. Sie begründet die Entscheidung für eine Route, erläutert die Routenwahl und formuliert die mit einem Weg und einem Ziel verbundenen Aussichten, und das auf allen inzwischen verfügbaren Kanälen.

Kurz und gut: Die einen planen, die anderen bahnen, und die Dritten sprechen darüber. All das machen sie weitgehend getrennt voneinander. Es sind oft noch drei autarke »Fürstentümer« im Unternehmen, denen nun Folgendes bevorsteht: Sie werden alle drei viel geopolitischer oder geostrategischer denken und agieren müssen, und sie müssen in Zukunft viel stärker zusammenarbeiten. Sie sind künftig mehr als separate Abteilungen; sie müssen zu einer voll integrierten Synergie zusammenfinden.

Von daher scheint es geboten, die Governance, also das Miteinanderwirken, die Aufteilung der Rollen und ihre relative Gewichtung neu auszuloten. Alle drei (häufig als Stabsabteilungen geführt) braucht es in engem Zusammenspiel – nicht mehr nur am Ende des Strategieprozesses, sondern bereits zu Beginn. Das wird auch eine Führungsaufgabe sein.

Das gesamte Unternehmen muss politischer werden

Vor wenigen Jahren hieß es, Unternehmen müssten digitaler werden, jedes Unternehmen werde zu einem Digitalunternehmen, ja zu einem Software-Unternehmen. Analog sagen wir: Jedes Unternehmen muss heute politischer werden – und nicht nur in seinen einzelnen Abteilungen, sondern als Ganzes. Sie kennen sicher den Begriff Mainstreaming. Wenn wir beispielsweise von Gender-Mainstreaming sprechen, meinen wir damit, dass Genderaspekte in alle Bereiche integriert werden sollen, mit anderen Worten: dass ein Unternehmen oder eine Behörde eben keine rein männliche Organisation mit einer männlich dominierten Sprache ist. Und wenn wir in Bezug auf geopolitische Risiken von Mainstreaming sprechen, bedeutet das, dass politische Themen in der gesamten Organisation mitgedacht und artikuliert werden müssen. Denn politische Themen sind längst kein Nebengeräusch mehr, das man bei Bedarf ausblenden kann. Wachsamkeit ist gefragt: weil das Tempo heute höher, die Themen komplexer sind und das meiste viel schneller entschieden wird. Genau aus diesem Grund muss eine Organisation politischer werden – um schneller entscheiden zu können und auch, um krisenfester zu sein. Denn ein tiefes Verständnis von Politik in allen Hierarchieebenen erhöht die Krisenfestigkeit.

Geopolitik ist immer mehr ein Muss

In vielen Unternehmen ist die Sensibilität für geopolitische Fragen noch nicht besonders ausgeprägt. Das gilt vor allem für jene mittelständischen Unternehmen, die sich im Windschatten großer Firmen bewegen. Man ist beispielsweise als Zulieferer mit VW oder Daimler nach China gegangen und glaubt, von politischen Fragen nicht betroffen zu sein, weil der große Partner sich ja darum schon kümmert. Man macht einfach, was VW macht. Man praktiziert ein Management des Wegguckens und wähnt sich dabei in einer neutralen Position. Doch die genannten Beispiele zeigen: Das funktioniert nicht mehr. Eine Haltung, die sich auf ein rheinländisches »Es ist noch immer gut gegangen« stützt, ist nicht zukunftsfähig.

Wir glauben, es ist für unsere Zukunft entscheidend, dass gerade deutsche Unternehmen sich proaktiv politischen Fragen und Themen stellen. Wir haben wie kaum ein anderes Land von der Globalisierung profitiert, China und die USA sind zentrale Märkte für uns. Doch die Globalisierung, wie wir sie kannten, gibt es nicht mehr.

Politischer zu werden – das ist keine rein technische Frage, die sich nur mithilfe neuer Tools beantworten lässt. Um politischer zu werden, muss sich die Haltung ändern. Verstehen beginnt mit der Bereitschaft, sich auf andere einzulassen – dem Bestreben, die Geschichten anderer Menschen, ihre Beweggründe, Lebensumstände und ihre Lebensentwürfe zu begreifen. Damit über das Verständnis anderer Menschen hinaus auch das politische Verständnis wächst, sollte man möglichst viel von der Welt sehen und mitbekommen. Doch um beispielsweise ein politisches Verständnis für China aufzubauen, muss man nicht gleich an einem Parteitag der Kommunistischen Partei Chinas teilnehmen. Es gibt da allerdings ein gutes Rezept: Diversität. Und der Begriff ist weder neu noch außergewöhnlich.

Gerne und viel wird in Unternehmen davon gesprochen, wie sehr man Diversität schätzt. Es geht dabei oft darum, Harmonie zu inszenieren, Vielfalt zu zeigen. Doch Diversität ist mehr als nur eine Veranstaltung, die beweisen soll, wie nett und harmonisch eine Organisation ist – sie ist ein wichtiges Hilfsmittel, um die Komplexität der Welt und ihre politische Vielschichtigkeit zu verstehen. Was liegt da näher, als sich die Welt in ihrer Diversität ins eigene Unternehmen zu holen? Menschen aus Asien, Menschen aus dem Nahen Osten, Menschen mit Migrationsgeschichte aus allen Teilen der Welt sind auch Botschafter:innen ihrer Herkunft – und immer auch Expert:innen für ein politisches Verständnis des jeweiligen Landes.

Es kommt auf einen guten Mix im Unternehmen an. Zahlreiche Studien zeigen, dass Diversität zu besseren unternehmerischen Ergebnissen führt. Unser Diversitätsbegriff umfasst dabei mehrere Dimensionen. Es geht uns explizit um Vielfalt und nicht ausschließlich um Parität in der Geschlechterfrage. Diversität fordert und fördert gedankliche Agilität. Wer die Welt in sein Team integriert, versteht sie besser.

Agilität heißt vor allem: wach bleiben!

Auch Agilität ist ein Begriff, der ähnlich wie Diversität gerne verwendet wird, um etwas Positives ausdrücken. Er soll ein gutes Gefühl vermitteln. Wer aber nachfragt, worin genau Agilität besteht, auf welche Weise sie sich im Unternehmen zeigt, stellt allzu oft fest, dass der wahre Gehalt des Begriffs nicht verinnerlicht wurde. Agilität steht aus unserer Sicht für die umfassende mentale und auch emotionale Bereitschaft, bestehende Muster des eigenen Denkens und Handelns zu erkennen, immer wieder zu hinterfragen und wenn nötig auch zu durchbrechen. Sie beinhaltet also, nicht immer dasselbe zu tun, sondern auch bereit zu sein, die Perspektive zu wechseln. Agilität ist zudem die Fähigkeit, veränderte Anforderungen und Informationen von außen kontinuierlich wahrzunehmen und zeitnah darauf zu reagieren. Es geht immer wieder darum, auf Rückmeldungen zu achten und diese im Entscheiden und Handeln zu berücksichtigen.

Agilität heißt vor allem: wach zu sein, wach zu bleiben und darauf zu achten, was um einen herum und in der Welt passiert.

Agilität bedeutet auch, mit Fehlern und Rückschlägen konstruktiv umzugehen, also Misserfolge nicht zu akzeptieren, sondern sie regelrecht zu umarmen, weil sie ein Teil des Weges sind. Denn wenn wir keine Fehler machen, woraus sollen wir dann lernen? Agilität im Kopf als geistige Haltung, damit Neues, damit Innovation entstehen kann, ist für Start-up- oder Industrieunternehmen, für Gründer:innen oder Bürger:innen gleichermaßen unverzichtbar. In Unternehmen ist Agilität von entscheidender Bedeutung im Hinblick auf politische Entscheidungsprozesse, auf eine sich rasant wandelnde Weltpolitik.

Je diverser, desto agiler

Wenn ein Unternehmen politischer werden soll, resilienter gegenüber Krisen und im Umgang mit abrupten Veränderungen, bietet sich als probates Mittel an, Agilität gezielt zu fördern, zu trainieren und zu kultivieren. Agilität und Diversität bilden so etwas wie das Fundament, auf dem Unternehmen den Herausforderungen der Zukunft standhalten, ja von dem aus sie Zukunft mitgestalten können. Denn agil bleibt man – oder wird man – inmitten von Diversität. Je vielfältiger die Umgebung, desto agiler muss man sich verhalten. Und bei der Offenheit, die wir meinen, geht es nicht um ein freundliches Entgegenkommen gegenüber Menschen mit Migrationsgeschichte oder gar um ein von Mitleid geprägtes Miteinander. Nein, wir müssen endlich begreifen, dass Unternehmen nur dann erfolgreich bleiben, wenn sie Vielfalt als große Chance erkennen – weil sie durch Vielfalt im Unternehmen mehr über die Vielfalt in der Welt erfahren.

Tools für politisches Risikomanagement

Mapping

Jedes gute Risikomanagementsystem basiert auf einer soliden, fortlaufenden Analyse der wichtigsten Themen und Akteure (Stakeholder) auf den für das Unternehmen wichtigsten Märkten.

Wir empfehlen am Anfang den Aufbau einer unternehmensspezifischen *Political Risk Map*. Diese entspricht einer Weltkarte, auf der alle Länder und Regionen hervorgehoben sind, deren Anteil am Umsatz des jeweiligen Unternehmens mehr als 5 Prozent beträgt. Diese Karte wird regelmäßig (mindestens vierteljährlich) aktualisiert. Für die jeweiligen Länder und Regionen gibt es verschiedene Risikoindikatoren und Indizes, die von unterschiedlichen Dienstleistern erstellt und angeboten werden, etwa von Rating-Agenturen, Versicherern oder spezialisierten Political-Risk-Beratungen, die auch die entsprechenden Karten zur Verfügung stellen.

Die Checkliste

Eine weitere Möglichkeit, Risiken in bestimmten Ländern oder Regionen systematisch zu analysieren, ist eine Checkliste. Ein gutes Beispiel hierfür ist die in Abbildung 1 gezeigte Liste mit Risikofaktoren, die ursprünglich von der ehemaligen US-Außenministerin Condoleezza Rice erstellt wurde.

Regierungswechsel in einem Land	Wahlen, Machtübernahmen, informelle Machtstrukturen und deren Auswirkungen auf die Wirtschaftspolitik, Änderungen in der Steuerpolitik oder Ausgabenpolitik der öffentlichen Hand
Interne bewaffnete Konflikte	Populismus, soziale Unruhen, ethnische Gewalt, Migration, Nationalismus, Separatismus, Föderalismus, Bürgerkriege, Putsche, Revolutionen
Gesetze, Regulierungen, Richtlinien	Umweltschutzbestimmungen, nationale Gesetze, Handels- oder Investitionspolitik: Export-/Importkontrollen, Zölle, Kartelle/Wettbewerbsbeschränkungen/ Anti-Trust
Vertragsbrüche	Einseitige Kündigung von Verträgen durch Regierung, z. B. Enteignungen und politisch motivierte Kreditausfälle
Korruption	Diskriminierende Besteuerung, systemische Bestechung, Geldwäsche
Extraterritoriale Wirkung	Unilaterale Sanktionen, strafrechtliche Ermittlungen und Strafverfolgung
Rohstoff- und Energiesicherheit	Politisch motivierte Veränderungen in der Energieversorgung, strategische Rohstoffe/ seltene Erden
Makro- und sozioökonomische Faktoren	Demografie, Auswirkungen des Klimawandels, Gesundheitssystem, Infrastruktur, Transportsysteme, Konsumtrends
Terrorismus	Politisch motivierte Drohungen oder Gewaltanwendung gegen Personen, Eigentum, Staaten oder Institutionen
Cyber-Bedrohungen	Diebstahl oder Zerstörung geistigen Eigentums, Spionage, Erpressung, massive Störung von Unternehmen, Industrien, Regierungen, Gesellschaften

Abb. 1: Politische Risiken – Eine Checkliste

Spezialisierte Datenbanken einsetzen

Um die Checkliste mit Daten- und Anhaltspunkten zu füllen, nutzen und empfehlen wir Datenbanken, die von spezialisierten Beratungshäusern und Serviceprovidern angeboten und aktualisiert werden. Dies sind beispielsweise Länder-Ratings, Indikatoren für die Stabilität von politischen Systemen und möglichen Disruptoren dieser Stabilität. Eine gute erste Quelle ist zudem das online zugängliche World Factbook der CIA. Immer häufiger werden auch unstrukturierte Daten ausgewertet, insbesondere wenn es um Früherkennung geht. Hier helfen sowohl die Analyse von Social-Media-Daten weiter als auch Machine-Learning-Algorithmen, die lernen, worauf zu achten ist, welche Muster also schon früh anzeigen, dass sich die Dinge zuspitzen. Daten spielen auch bei uns eine zunehmend wichtige Rolle. Wie in jeder Industrie. Ebenso wie die Automatisierung solcher Analysen.

Thinktank-Wissen nutzen

Für eine tiefere Analyse empfehlen wir, mit Länderexpert:innen der großen Thinktanks und NGOs zu sprechen, da dort sehr viel Know-how gebündelt ist und sie per Telefon oder Videokonferenz auch relativ zugänglich sind. Es gibt Dutzende exzellenter Thinktanks. Beispielhaft zu nennen wären etwa die Brookings Institution, die Heritage Foundation, das Centre for Strategic and International Studies (CSIS) oder die Rand Corporation in Washington DC, dazu Chatham House und das Institute for International and Strategic Studies in London und Singapur. Hervorragende Adressen sind auch die Stiftung Wissenschaft und Politik (SWP), die Deutsche Gesellschaft für

Auswärtige Politik (DGAP) in Berlin sowie Mercis oder Synolitics für China. Auch Human Rights Watch, Transparency International und Freedom House bieten sehr gute Analysen. Idealerweise werden diese Interviews von wenigen Menschen aus dem Unternehmen durchgeführt, denn mit der Zeit lernt man dabei viel, sowohl wie man seine Fragen am besten formuliert als auch, wie die Expert:innen zu bewerten sind. Immer wieder verfolgen diese auch eigene Agenden oder sind politisch voreingenommen. Das gilt es sorgfältig herauszufiltern und von den eigentlichen Informationen und Lageeinschätzungen zu trennen.

Rankings erstellen und Handlungsempfehlungen geben

Sinnvoll ist es schließlich, die Ergebnisse der Datenanalyse und der Gespräche zusammenzufassen und durch redaktionelle Bearbeitung in einen flüssigen Text zu übertragen. Es empfiehlt sich ein Dossier pro Land mit jeweils einer Seite Executive Summary zu Beginn. Die wichtigsten Länder sollten mithilfe eines Schulnotensystems von 1 bis 6 (unbedenklich bis hoch risikoreich) bewertet werden. Schließlich kann das Ganze noch grafisch aufbereitet werden, zum Beispiel als schnell zu erfassende Matrix, mit der Bedeutung des Landes für das Unternehmen auf der einen Achse und dem Risikoranking auf der anderen.

Politisches Risikomanagement bei M&A und Auslandsinvestitionen

Auch im Vorfeld von geplanten Firmenkäufen oder Zusammenschlüssen im Ausland (M&A) empfehlen wir eine intensive »political due diligence«. Dazu gehört eine situationsspezifische Analyse des geopolitischen Umfelds sowie der Risiken im Zielland. Ebenso wichtig sind rechtzeitige, möglichst präzise Informationen über neue Geschäftspartner:innen, gerade in politisch schwierigen Ländern. Schließlich muss die politische Unterstützung für den Deal bei der jeweiligen Regierung und den staatlichen Behörden gesichert werden. Diese und andere Aufgaben sind prototypisch in Abbildung 2 illustriert.

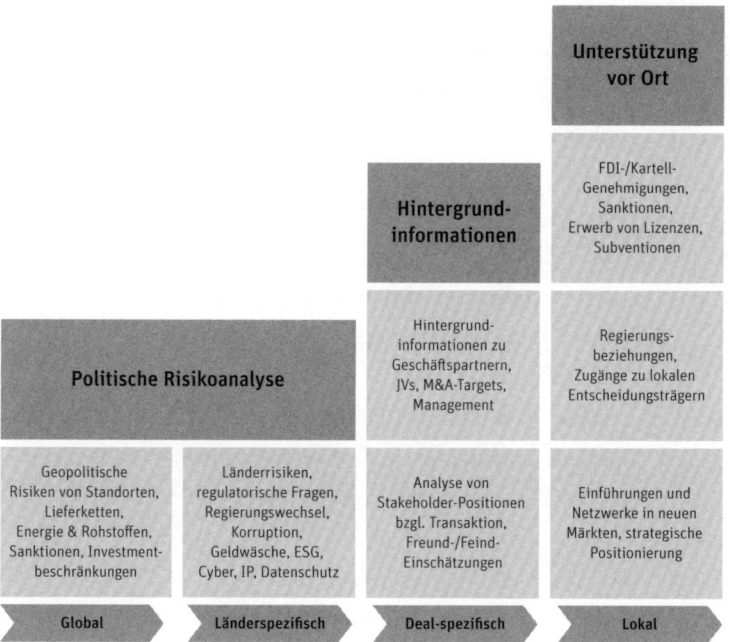

Abb. 2: Typische Aufgaben des politischen Risikomanagements bei M&A und Auslandsinvestitionen

BEISPIEL:
RISIKOMANAGEMENT USA VERSUS CHINA

Um die Risiken einer sich verschärfenden Auseinandersetzung zwischen den USA und China antizipieren und abfedern zu können, sind die folgenden Schritte zu empfehlen:

1. INFORMATIONEN SAMMELN – GEOPOLITISCHEN 360-GRAD-RADAR AUFBAUEN
   - Genaue Beobachtung der China-Politik Bidens und Chinas, Umsetzung des Fünf-Jahres-Plans.
   - Analyse, welche Industrien die USA als sensibel und strategisch wichtig gegenüber China betrachten (Sanktionswahrscheinlichkeiten eruieren).
   - Menschenrechte ernst nehmen, auch in den Lieferketten: genaue Analyse des chinesischen Anti-Sanktionsgesetzes sowie europäischer und amerikanischer Rechtsprechung dazu.

2. IMPACT-ANALYSE – AUSWIRKUNGEN AUF DAS EIGENE UNTERNEHMEN
   - Unternehmensspezifische Analyse insbesondere hinsichtlich Produktionsstandorten, Lieferketten, Märkten, dabei Grundhypothese der zunehmenden Verschärfung der US-China-Rivalität.
   - Szenariomodellierung, um auf verschiedene politische Entwicklungen vorbereitet zu sein.

3. HANDLUNGSOPTIONEN ERARBEITEN
   - Politisch: mögliche Einflussnahme des eigenen Unternehmens oder von Industrieverbänden auf EU-Positionierung gegenüber den USA und China prüfen.

- Legal: Aufbau eigenständiger juristischer Einheiten in China und den USA prüfen.
- Wertschöpfungskette: Zulieferportfolio prüfen und gegebenenfalls überarbeiten, dabei analysieren, welche Folgen eine Verschärfung des Konflikts bei Lieferungen in beide Märkte hätte.
- ICT-Stack: in China Verzicht auf US-Komponenten einplanen (auch US-Behörden, die Einfluss auf Unternehmen haben, oder ein amerikanischer Monitor werden in China zunehmend kritisch gesehen).
- Unternehmensdiversifizierung: Verlagerung von Standorten aus China in Nachbarländer oder nach Australien
- M&A: Vorsicht bei chinesischen Investoren/Shareholders in US-Tochterfirmen.
- Cyber-Abwehr hochfahren.
- Kommunikation: klare Sprache gegenüber Regierungen und Öffentlichkeit zu China erarbeiten, vor allem für den Krisenfall.
- Governance: sicherstellen, dass es entsprechende Informations- und Entscheidungsgremien gibt, die auch im Krisenfall schnell Handlungsfähigkeit herstellen können.

Was wäre, wenn ... – What-if-Szenarien

Wir sitzen im Meeting-Raum eines deutschen Mittelständlers. Die Tische sind U-förmig angeordnet. Es gibt Kaffee und Apfelsaft. Durch die großen Fenster scheint die Sonne. Uns gegenüber sitzen die CEO, der Finanzvorstand, eine Kollegin aus der Rechtsabteilung. Das Unternehmen ist global vertreten, ein klassischer deutscher Industriebetrieb, mitten im Markt und mit Produkten, die in vielen Produktionsprozessen benötigt werden. Im Grunde ein selbstbewusstes Unternehmen, klug geführt, strategisch gut ausgerichtet und verankert in der Region. Ein wichtiger Arbeitgeber, ein Unterstützer von Kultur und Tradition und vor allem auch ein engagierter Unterstützer des bundesdeutschen Leistungssports.

Der Name des Unternehmens taucht auf den Trikots bei großen Sportveranstaltungen auf, man identifiziert sich mit Top-Sportlern und nimmt dafür einiges an Geld in die Hand. Alles scheint solide, alles sattelfest. Und zum soliden Handeln gehört der wache Blick auf die Weltpolitik. Was sich zwischen China und den USA abspielt, das beschäftigt auch die Führungsebene. Jedoch geht man nicht davon aus, dass dieser Konflikt negative Auswirkungen auf das eigene Unternehmen hat, hält ihn im Großen und Ganzen für reines Säbelrasseln und glaubt, dass die einen ja nicht ohne die anderen könnten. Man hat sich vorgenommen, die weitere Entwicklung zu beobachten und gegebenenfalls etwas zu tun. Eine weitverbreitete Haltung in deutschen Unternehmen. Weltpolitik? »Ja, wichtig, gucken wir drauf, aber für uns sind die Absatzmärkte wichtiger, daran orientieren wir uns!«

Also fangen wir an zu spielen – und zwar das »Was wäre, wenn ...«-Spiel.

Das Spiel beginnt

Stellen Sie sich vor: Der 4. Februar 2022 ist für Peking ein äußerst wichtiger Termin. An diesem Tag beginnen die Olympischen Winterspiele in der chinesischen Metropole. Damit ist Peking die erste Stadt der Welt, in der sowohl eine Winter- als auch eine Sommerolympiade (2008) stattgefunden hat. Diese Winterspiele waren im Vorfeld sehr umstritten, Boykottaufrufe standen im Raum, wegen Tibet, wegen Taiwan, wegen der Lage in Hongkong, vor allem auch wegen der weltweit kritisierten Menschenrechtsverletzungen an den Uiguren in Xinjiang.

In der chinesischen Region Xinjiang werden 85 Prozent der chinesischen Baumwolle produziert. Das entspricht einem Fünftel der weltweiten Produktion. Rund 70 Prozent davon müssen von Hand gepflückt werden. Das ist harte, körperliche Arbeit, die – so haben es zahlreiche Medien und auch das Center for Global Policy in Washington bestätigt – vor allem von Uiguren verrichtet wird. Nach Ansicht dieser Beobachter deutet viel auf Zwangsarbeit hin. Offenbar werden Uiguren muslimischen Glaubens zur Feldarbeit auf den Baumwollfeldern gezwungen. Chinas Staats- und Parteiführung soll in Xinjiang insgesamt rund eine Million Staatsbürger:innen uigurischer und kasachischer Herkunft in Lagern internieren haben, ohne Anklage, Prozess oder Urteil. Aus Sicht vieler sind das eindeutige Menschenrechtsverletzungen.

Und nun bemühen wir unsere Fantasie.

Wir stellen uns Folgendes vor:

Eine von Ihrem Unternehmen unterstützte deutsche Sportlerin, eine Rodlerin vielleicht, eine Langläuferin oder Skifahrerin schneidet sehr gut ab, gewinnt sogar eine Medaille – und bei der Siegerehrung kommt es zu folgender Situation: Die Medaille wird ihr um den Hals gehängt und kurz bevor die Nationalhymne erklingt, zieht die Sportlerin die Trainingsjacke aus, und darunter kommt ein bedrucktes T-Shirt zum Vorschein.

Darauf steht: ›Freiheit für Uiguren!‹

Oder ›Human Rights!‹

Oder ›Resist China – Freedom now!‹

Es gibt einen Aufschrei. In den Medien. In der Politik, weltweit.

China fühlt sich vor der größtmöglichen Weltbühne gedemütigt und vorgeführt. Die Fernsehübertragungen werden gestört, China protestiert mit scharfen Worten und verspricht, dass diese Provokation Folgen haben werde. Der zuvor weitgehend unbekannten Sportlerin drohen sicher Konsequenzen in China, schon das mag man sich gar nicht ausmalen. Und es dauert nicht lange, bis China entdeckt, wer diese widerborstige Teilnehmerin finanziell unterstützt – und das wäre in diesem Fall:

Genau, Sie.

Und dann haben Sie ein Problem, ein richtig großes Problem.

Gegenwärtig haben Sie vermutlich noch keine Vorstellung davon, was da auf Sie zukommen kann. Nicht nur, dass die chinesische Regierung die Sportlerin heftig kritisiert. Mit Sicherheit würden auch Sie ins Visier der chinesischen Behörden geraten, und das mit nicht absehbaren Folgen. Unter Umständen könnten Sie den wichtigen Absatzmarkt China gänzlich verlieren, Sie könnten von Lieferketten abgeschnitten werden, Vorprodukte und Rohstoffe könnten Ihnen nicht mehr geliefert werden. Und das urplötzlich, ohne Vorwarnung. Weil China hier nicht differenziert, sondern es als eine von Ihnen gesponserte Einmischung in seine inneren Angelegenheiten betrachtet. Was machen Sie nun? Wie reagieren Sie darauf? Was droht Ihrem Unternehmen? Wer hilft Ihnen jetzt?

Und viel wichtiger: Was können Sie heute schon tun, um auf vergleichbare Risiken vorbereitet zu sein?

Die Reaktion seitens der Unternehmen, wenn wir ein Szenario wie dieses präsentieren, ist meist dieselbe: »Oh, das kann passieren?«

Und die Antwort ist meist auch dieselbe: »Ja.«

Auf welchen Fußabdruck Sie achten müssen

Beispiele wie dieses haben eine immense Wirkung. Allein anhand dieser kleinen Geschichte über die politisch engagierte Sportlerin, durch diesen kurzen Ausblick auf ein mögliches Schreckensszenario wird vielen Unternehmensvertreter:innen erstmals klar, wie schnell alles auf den Kopf gestellt werden kann. Wie vermeintliche Kleinigkeiten einen an den Rand der Existenz bringen können.

Die Szenarioplanung ist zunächst immer ein Fragespiel. Und angesichts der meist zögerlichen Antworten wird schnell deutlich, dass sich die CEOs, die Manager:innen zuvor kaum mit dem Thema beschäftigt haben.

Das Fragespiel offenbart zahlreiche Defizite. Wobei Spiel nicht das richtige Wort ist. Aber mit Fragen beginnt es, und oft sind es Fragen, über die sich die Befragten noch nie Gedanken gemacht haben. Etwa über ihren geopolitischen Fußabdruck.

Was der CO_2-Fußabdruck bedeutet, ist inzwischen Allgemeingut. Wir wissen, wie viel Eis schmilzt, wenn wir eine Rundreise per Flugzeug nach Thailand unternehmen: fünf Quadratmeter pro Passagier. Aber wissen Sie auch, woher die von Ihnen verwendete Baumwolle kommt? Und wer diese pflückt?

Falls nicht: Was könnte der Grund dafür sein, dass Sie es nicht wissen? Und vor allem: Haben Sie Pläne für den Eventualfall? Denn gerade darin liegen Agilität und Resilienz: auch auf Unwahrscheinliches, Unvorhergesehenes, auf Unwägbarkeiten und Widrigkeiten so flexibel reagieren zu können, dass der Kern des Geschäfts nicht beeinträchtigt wird. Was genau ist Ihre erste Reaktion, wenn die Sportlerin mit dem T-Shirt auf dem Podest steht? Wen rufen Sie an? Wer soll nun wie handeln?

Und so weiter. Die bekannten W-Fragen bieten dabei immer eine gute Orientierung: Was? Warum? Wer? Wie? Wann? Das spielen wir durch, damit Unternehmen auf den Ernstfall vorbereitet sind. Wir stellen so viele W-Fragen wie möglich. Es gibt dabei keine Blaupause für jede Situation, aber durchaus Indikatoren, die in jedem Fall abgefragt werden müssen. Wir erkunden, wo die Risiken verlaufen, wo der Einschlag droht. Dafür wird der Betrieb gescannt, die Betriebsumgebung, die Lieferketten, die Zulieferbetriebe, die jeweiligen Herkunftsländer. Auf dieser Basis erstellen wir mögliche Szenarien, anschauliche Beispiele dafür, was geschehen könnte.

Die erarbeiteten »Was-wäre-wenn«-Szenarien werden den Unternehmen vorgestellt. Szenarien wie jene mit dem Olympia-T-Shirt bilden das Fundament für die Entwicklung einer Eventualplanung, also von Strategien, Optionen und Handlungsweisen, um Schäden vom Unternehmen abzuwenden, wenn das Unvorhergesehene eintritt. Ziel ist immer, das möglichst unbeschadete Fortbestehen des Unternehmens sicherzustellen, auch bei Risiken, die mit einem hohen Schaden einhergehen können.

Mit den Mitteln der Gamifizierung

Hilfreich bei der Erkundung von Bedrohungsszenarien ist auch die Anwendung von spielerischen Elementen. Wir haben schon PC-Spiele entwickelt, um solche Bedrohungen

Schritt für Schritt durchzuspielen. Spielen bietet einen ausgezeichneten Zugang gerade zu komplexen Themen. Im Spiel muss man kreativ sein, nach neuen, manchmal auch ungewöhnlichen Lösungen suchen. Man riskiert mehr, ist aufmerksamer, und häufig werden bisher ungenutzte Fähigkeiten freigesetzt. Und genau das ist beste Voraussetzung für das Ausloten von Risiken, auch im geopolitischen Kontext. In einem Spiel ändern sich die Situationen ständig, es lebt von Veränderungen, Überraschungen und Intuition. Begeisterte Spieler:innen sind darauf eingestellt, dass nichts bleibt, wie es ist. Und diese Spielmechanismen fördern auch den kreativen Umgang mit möglichen Bedrohungen.

Das ist für viele Unternehmen neu.

Unternehmensdiplomat:innen als Feuerwehr

Für den Fall einer Krise, wenn interne Ressourcen nicht ausreichen, sollten gerade global operierende Unternehmen frühzeitig einen Expertisekreis aufbauen. Zu diesem Kreis können ehemalige Minister:innen, Diplomat:innen, Mitarbeiter:innen von Nachrichtendiensten oder auch vom Militär zählen, Letztere vor allem auch wegen ihrer Erfahrung in Krisenregionen, autoritär regierten Staaten und Diktaturen. Erfahrene Berater:innen können beim Risk Monitoring wertvolle Hintergrundinformationen und Einschätzungen liefern und Vorstandsbriefings in regionalen Sondersituationen durchführen. Solche Personen zu finden, ist jedoch nicht einfach; es sind Compliance-Checks durchzuführen und das Qualitätsmanagement muss stimmen, aber der Mehrwert erfahrener Köpfe gerade bei komplexen geopolitischen oder Außenhandelsfragen kann beträchtlich sein.

Szenarioplanung als Grundlage der Strategie

Kommen wir zur konkreten Planung einer Strategie, um Risiken in den Griff zu bekommen. Einerseits gibt es kurzfristig eintretende Krisenszenarien, die das Potenzial haben, ein Unternehmen plötzlich aus den Angeln zu heben oder zumindest für erheblichen Schaden zu sorgen. Auf der anderen Seite müssen Unternehmen die langfristigen Treiber im Blick behalten und ein geeignetes Instrumentarium schaffen, um vorausschauend planen und eine strategische Positionierung umsetzen zu können. Es bedarf also einer Szenarioplanung, die über akute Notfallmaßnahmen hinausgeht. Im besten Fall sollte der Vorausschaugedanke fest in die Firmen-DNA implantiert werden.

Denn ein Großteil der Veränderungen kommt nicht über Nacht, sie deuten sich schon langfristig an. Entscheidend ist, Symptome rechtzeitig zu entdecken und ihr Potenzial korrekt abzuschätzen. So kann man für die frühen 2020er-Jahre im Großen und Ganzen fünf Treiber identifizieren, die permanenten Veränderungen ausgesetzt sind – und die für jede Branche und jedes Unternehmen unterschiedliche Relevanz haben können:

- Die Rolle des Staates,
- die Zukunft Europas bzw. der EU,
- die Verschiebung geopolitischer Machtverhältnisse und die geopolitischen Nadelöhre, die den globalen Warenverkehr massiv beeinträchtigen können,
- die Digitalisierung bzw. technologische, innovative Durchbrüche (PC, Internet, Quantencomputing),
- gesellschaftlicher Wandel.

Auf dieser Grundlage lässt sich in der Praxis eine systematische Szenarioplanung für die nächsten Jahre aufbauen. Wie so etwas aussehen kann, zeigt die Studie »Die Zukunft des Europäischen Bankensektors – Was kommt nach der Corona-Krise?«, die unsere Firmen Macro Advisory Partners und Berlin Global Advisors verfasst haben. Darin haben wir diese fünf Treiber im Hinblick auf die Bankbranche analysiert. Banken sind häufig global vernetzt und müssen geopolitische Entwicklungen sehr genau im Blick haben, sowohl im Eigeninteresse als auch in dem ihrer Kund:innen, welche wiederum eigene Risikoexpositionen haben, die Banken berücksichtigen müssen. Deshalb eignen Banken sich gut, um eine langfristige Szenarioplanung zu veranschaulichen.

Eine Szenarioplanung für Banken

I. Die Themen

In einem ersten Schritt gewichtet man die oben angeführten Themen: Was ist für eine Bank heute wichtig? Was könnte künftig wichtig werden? Nun, wichtig wäre sicher die Rolle des Staates als Regulator, die Zukunft Europas/der EU und die Digitalisierung. Nicht weniger wichtig sind aber die regulatorischen Entwicklungen in anderen Staaten, die dort ansässigen Banken unter Umständen entscheidende Wettbewerbsvorteile verschaffen können.

II. Die Anordnung

In einem nächsten Schritt wird geprüft, welche Sub-Themen den Hauptüberschriften zugeordnet werden müssen.

1. *Die Rolle des Staates:* Dazu zählen Themen wie unter anderem Regulierung, Fiskalpolitik, Konjunkturpakete, Hilfsprogramme, nationale Konjunkturpakete und Konjunkturfonds, aber auch massive öffentliche Investitionen in grüne Technologien.
2. *Die Zukunft Europas:* Hierzu gehören Themen wie EU-Integration, der Binnenmarkt, Fiskalunion, der Euro oder der Kapitalmarkt, aber auch die künftige Entwicklung auf dem Finanzmarkt London, der außerhalb der EU-weiten Regulierungen angesiedelt bleibt und gerade deshalb auf Wettbewerbsvorteile dank schwächerer Regulierung hoffen wird.
3. *Die geopolitische Entwicklung:* Hier geht es um Themen wie politische Spannungen, beispielsweise die Entkopplung zwischen den USA und China und deren Auswirkungen auf den Welthandel und Kapitalmärkte und -flüsse, aber auch um globale Lieferketten und Sanktionen.
4. *Digitalisierung:* Hier werden Themen wie Cyber-Attacken, Datensicherung, Disruption des Bankenwesens durch Big Tech oder generell der Ausbau der Automatisierung angesprochen. Auch das Thema Kryptowährung spielt hier eine zunehmende Rolle.
5. *Der gesellschaftliche Wandel:* Hier wird schließlich untersucht, wie sich das Ansehen von Banken und das Vertrauen in den Bankensektor entwickelt hat oder wie es um den Übergang zur bargeldlosen Gesellschaft steht.

Abb. 3: Sortierung und Priorisierung der Treiber

III. Die Zuordnung der Treiber und Auswahl für die Szenarien

Nun werden die nach Relevanz definierten Themen zugeordnet – und zwar nach einer klaren Systematik: Man ordnet die Themen nach dem Grad der Unsicherheit sowie nach ihren Auswirkungen (*impact*) auf den Bankensektor. Was wie ein normales Diagramm aussieht, umfasst schließlich die zentralen Themen, denen sich Banken langfristig widmen müssen (siehe Abbildung 3). So mag es beispielsweise für das Geschäftsmodell von Banken weniger schwer ins Gewicht fallen, wenn Menschen zunehmend auf Bargeld verzichten, andererseits ist für Banken die europäische Integration ein Thema, das gleichzeitig mit hohen Unsicherheiten und mit großen Auswirkungen verbunden ist. Durch diese systematische Zuordnung kann man sich einen guten Überblick darüber verschaffen, was handhabbar ist und worauf man genauer schauen muss.

IV. Das Szenario

Auf den vorherigen Schritten aufbauend wird nun zu den einzelnen Themen ein Szenario für die nächsten drei bis fünf Jahre entwickelt. Betrachtet werden genau diejenigen Treiber oder Dimensionen, die bedeutende Auswirkungen haben und gleichzeitig von hoher Unsicherheit geprägt sind. Dabei werden unterschiedliche Zukunftsentwicklungen angenommen, etwa zur Zukunft der EU die beiden einander entgegengesetzten Bilder eines Europas der verschiedenen Geschwindigkeiten und eines geschlossenen, unitarischen Europas.

Nun wird systematisch besprochen, was es für Banken bedeutet, wenn sich der Kontinent in diese oder eben in jene Richtung entwickelt. Es werden Prognosen, Vorteile, Nachteile, Einschätzungen und Analysen zusammengestellt. Dabei wird beispielsweise Folgendes aufgelistet:

Eine EU verschiedener Geschwindigkeiten kann bedeuten:

- Eine schwache, marginalisierte EU,
- eine unkoordinierte EU mit schwindender Gestaltungsmacht,
- eine Patchwork-EU, die sich irgendwie durchwurschtelt,

- eine EU mit klaren Gewinnern, aber ebenso klaren Verlierern – mit entsprechenden Folgen für die innere Kohäsion,
- eine stagnierende EU,
- eine EU, die im Kampf zwischen den USA und China zerrieben wird,
- eine weitgehend wehrlose EU, die einer aggressiven, protektionistischen Handelspolitik der USA und einer strategischen Aufkauf- und Sanktionierungspolitik Chinas nichts entgegenzusetzen hat.

Eine kohäsive EU kann bedeuten:

- Eine souveräne EU, die global wettbewerbsfähig ist,
- eine EU mit aussichtsreichen Chancen, einen digitalen Binnenmarkt zu errichten,
- eine EU, die eine starke Industriepolitik zum Nutzen ihrer Bürger verfolgt und Unternehmen ein ideales Betätigungsfeld mit einer Mischung aus staatlicher und marktgesteuerter Politik und gleichen Wettbewerbsbedingungen bietet,
- eine EU, die sich womöglich in eine nach innen gerichtete Festung verwandelt,
- eine EU, die Unternehmen eine Chance bietet, aufzuholen und die USA und China zurückzudrängen.

Diese Stichworte bilden das Fundament einer ausführlichen Szenarioplanung, immer ausgehend von der Frage: Was müssen wir tun, wenn sich die Welt so entwickeln würde?

Wie also handeln, wenn die EU mehrere Geschwindigkeiten verfolgt? Welche Entscheidungen müssen dann getroffen werden?

Status quo –
Das Patchwork-Europa schlägt sich durch

- Das Europa der verschiedenen Geschwindigkeiten schlägt sich
  mit einigen Gewinnern und Verlierern (auf Ebene von Mitglied-
  staaten, Industrien sowie grüner und digitaler Entwicklung) durch.
- Allgemeine Stagnation.
Kennzeichen:
- Keine klare Vision für Europa.
- Fortschritt und Integration sind regional beschränkt.
- Einige Länder gehen in bestimmten Politikbereichen voran,
  andere bleiben zurück.

EUROPÄISCHE INTEGRATION

Das **schwache Europa** wird marginalisiert

- Europa ist unkoordiniert und hat insgesamt wenig Macht.
- Kollateralschaden im Kampf zwischen den USA und China.
- Die USA schlagen mit aggressiver Handelspolitik zu; China
  versucht, in ein fragmentiertes Europa einzudringen.
Kennzeichen:
- Die USA versuchen aggressiv, China einzuschränken, und ergreifen
  extraterritoriale Maßnahmen gegen Unternehmen und Länder,
  die mit China zusammenarbeiten.
- Mehr Fragmentierung und Protektionismus. Schwerwiegende
  Hindernisse für Daten-, Waren-, Personen- und Kapitalströme.

EUROPA DER VERSCHIEDENEN GESCHWINDIGKEITEN

GEOPOLITISCHE FRAGMENTIERUNG UND WETTBEWERB

STARKE

Abb. 4: Vier Zukunftsszenarien für Europa in den nächsten
drei bis fünf Jahren

Quelle: Executive Summary: Die Zukunft des europäischen Bankensektors – Was kommt
nach der Corona-Krise? Audit Committee Quarterly extra, Juli 2021, S. 24–25

RIVALITÄT

Das **souveräne Europa** ist global wettbewerbsfähig

- Europa wird dazu gedrängt, hat aber auch die Fähigkeit, den Binnenmarkt zu intensivieren, auch digital.
- Europa formt eine starke Industriepolitik zum Nutzen seiner Bürger und Unternehmen mit einer Mischung aus staatlicher und marktgesteuerter Politik und gleichen Wettbewerbsbedingungen.

Kennzeichen:
- Das globale System ist fragmentiert, aber eher durch Wettbewerb als durch Aggression gekennzeichnet.
- Multilaterale Organisationen gewinnen als Mediatoren im Wettbewerb wieder an Bedeutung.
- Strategische Allianzen und regionale Blöcke sind die wichtigste Form der Zusammenarbeit, die sich um globale Herausforderungen wie Klima und Gesundheit bilden.

ZUSAMMENHALT IN EUROPA

Die **»Festung Europa«** fokussiert sich auf sich selbst

- Die europäische »strategische Autonomie« wird zur Priorität für Brüssel, Berlin und Paris.
- Die Mauern um die Festung Europa werden hochgezogen und nur europäische Unternehmen können in Europa wirklich florieren (und verdrängen damit die USA und China).

Kennzeichen:
- Europa treibt die Integration voran.
- Es wird ein intensiverer Zusammenschluss in den Bereichen Energie, Digitalisierung und Kapitalmärkte angestrebt.
- Die Voraussetzungen für eine Fiskalunion sind gegeben.
- Die global agierenden europäischen Unternehmen werden beschränkt.

FRAGMENTIERUNG

Und andersherum: Welche Chancen ergeben sich aus einer starken EU? Inwieweit könnten Banken das für sich nutzen? Auch diese langfristige Szenarioplanung basiert auf vielen Gesprächen; es werden Experten hinzugezogen, nicht nur aus dem Finanzsektor, sondern ganz bewusst auch Experten, die einen geopolitischen Ansatz verfolgen.

Für unsere Bankenstudie haben wir vier Zukunftsszenarien für Europa in den nächsten drei bis fünf Jahren entlang zweier Achsen dargestellt (Abbildung 4).

Durch diese verdichtete Darstellung ist es gelungen, für ein sehr volatiles Gebiet eine Systematik zu implementieren. Dennoch: Es braucht für eine Szenarioplanung immer auch ein hohes Vorstellungsvermögen und viel Fantasie. »Sometimes it's more arts than science«, wie es amerikanisch so schön heißt. Doch je bewanderter die Expertinnen und Experten im Thema sind, desto umfangreicher, realistischer und detailreicher werden mögliche Szenarien.

Kommt der Chief Geopolitical Officer?

Wie oben schon angesprochen, wird die Arbeit der politischen Abteilungen in den Unternehmen immer globaler. Konzerne wissen, dass es nicht mehr genügt, nationale Gesetzgebungen schon in ihrer Entstehungsphase in den Blick zu nehmen und mit Lobbyarbeit darauf Einfluss zu nehmen. Heute geht es um Tiefenanalyse ebenso wie das Agenda-Setting bei Themen wie EU-Industriepolitik, transatlantischer Handelspolitik oder chinesischer Datenregulierung. Wer erstellt dazu eine Liste mit den wichtigsten Beamten und Verhandlern und welche davon müssen wir anrufen, um Unternehmenspositionen zu hinterlegen? Welchen Kurs könnte die US Federal

Reserve (Fed), welchen die Bank of Japan in der Zinspolitik ab dem kommenden Jahr einschlagen? Mit welchen Ökonomen sollten wir darüber sprechen? Was sind die wirtschaftspolitischen Prioritäten der »Sherpas« – der Zuarbeiter von Präsident:innen und Kanzler:innen – für das nächsten G7-Treffen der wichtigsten Industrienationen? Wer hat deren Handynummern? Wie positionieren wir unseren CEO beim nächsten World Economics Forum oder UN-Klimagipfel? Und wie stellen wir sicher, dass seine oder ihre Botschaften sich auch in der Unternehmensstrategie widerspiegeln, Stichwort Nachhaltigkeit und Greenwashing?

Im Grunde brauchen Unternehmen heute auch eine neue geopolitische Governance. Das gilt gerade für viele deutsche Unternehmen, für die China ein so bedeutender Markt ist. Angesicht der immer volatileren US-China-Dynamik empfehlen wir etwa den Aufbau eines Planungsstabs, eines abteilungsübergreifenden Steuerkreises für China, um geopolitische Entwicklungen zu analysieren und entsprechende Konsequenzen abzuleiten. In diesem Steuerkreis sollten Expert:innen mit einem tiefen Verständnis der örtlichen Gegebenheiten sitzen, ebenso Strateg:innen und Rechtsexpert:innen, Kommunikator:innen und ein Mitglied des Vorstands oder die CEO selbst. Es geht darum, das Wissen um politische Entwicklungen und die Zukunft der wichtigsten Märkte in die eigenen Strategieplanungen einfließen zu lassen. Denkbar ist auch, diese politische Tätigkeit in einer neuen Funktion zu bündeln: Der erwähnte Chief Geopolitical Officer (CGO) könnte in der Tat ebenso sinnvoll sein wie der oder die inzwischen oft installierte Chief Digital Officer. Bei ihm oder ihr könnten all jene Stränge zusammenlaufen, die heute noch getrennt sind.

Ob man die Aufgabe nun in die Hände eines oder einer neuen CGO legt oder nicht – es kommt darauf an, strategisch vorzugehen. Wir erleben in den Gesprächen mit unseren Kunden, vor allem im global agierenden Mittelstand, tatsächlich noch ein gewisses Desinteresse an Politik und vor allem an Politiker:innen. Auch ist das Bild von Politik häufig mit sehr negativen Vorstellungen behaftet. Und es braucht seine Zeit, um Menschen in Führungspositionen davon zu überzeugen, dass es höchst unternehmensrelevant, wenn nicht sogar existenzsichernd ist, sich politischen und geopolitischen Fragen zu öffnen.

Fest steht: Früher oder später müssen sie es.

SCHLUSS UND DANKSAGUNG

Dieses Buch wäre ohne die vielen Gespräche, die wir mit klugen Menschen führen durften, die wir persönlich kennen oder mit denen wir seit Langem zusammenarbeiten, viel weniger breit und viel weniger tief geworden. Zu diesen Menschen gehören die in diesem Buch genannten und zitierten Gesprächspartner:innen und Autor:innen sowie viele mehr, die nicht namentlich erwähnt sind, die uns aber immer wieder zum Gedankenaustausch zur Verfügung standen und stehen. Ihnen allen, euch allen: Danke!

Ohne unsere Netzwerke, ohne die wechselseitige Bereitschaft zum Austausch und zum Weiterdenken könnten wir unsere Arbeit nicht machen und auch kein Buch schreiben. Zu den Quellen, die hier eingeflossen sind, gehören auch Publikationen diverser Thinktanks sowie zahlreiche Bücher und Studien. Für die diesbezügliche Unterstützung bei der Recherche danken wir Benedicta Solf und Moritz Lütgerath.

Unser größter Dank gilt Christoph Schlegel, der uns mit großer sprachlicher und intellektueller Kompetenz geholfen hat, dieses Buch zu schreiben. Seine Fähigkeit, komplexe Sachzusammenhänge in eine lesbare Sprache zu bringen, ist ebenso bemerkenswert wie seine Geduld und die stets positive und optimistische Einstellung zu diesem gemeinsamen Projekt, die uns über manche Hürde geholfen hat.

Natürlich gab es zahlreiche Schleifen und Iterationen. Integration unterschiedlicher Perspektiven, Ringen um die beste Lösung: Das ist es, woran wir glauben, und ja, das ist definitiv mühsam, aber es macht das Endprodukt besser.

Im Laufe der rund zwölf Monate von der ersten Telko bis zum Redaktionsschluss des Buches hat sich die Welt schnell weitergedreht, wir hatten Wahlen in den USA und in Deutschland. Wenn dieses Buch erscheint, wird sehr wahrscheinlich eine neue Bundesregierung ihre Arbeit aufgenommen haben. Es wird sich hier in Deutschland und in der Welt einiges verändert haben; manche Krise hat sich womöglich verschärft, andere werden in den Hintergrund gerückt sein.

Wir haben deshalb versucht, uns in diesem Buch von der Tagesaktualität zu lösen und uns auf die großen Linien zu konzentrieren, von denen wir sicher sind, dass sie Bestand haben werden. Und darauf, zu beschreiben, was diese Linien für Unternehmen bedeuten und wie diejenigen, die Führungsverantwortung tragen, darauf reagieren können – und oft müssen, wenn sie in den 2020er-Jahren erfolgreich sein wollen.

Denn das treibt uns beide um – menschlich, beruflich, als Bürgerin und Bürger dieses Landes: Wie können wir unseren Wohlstand, unsere Werte und unseren Einfluss als Land bewahren in dieser fragmentierten Welt, die als Wirtschaftswelt zunehmend politischen Zielen und manchmal auch irrationalen Motiven folgt? Wenn wir mit diesem Buch einen kleinen Beitrag dazu leisten können, diese Frage in den Köpfen zu verankern, haben wir unser Ziel erreicht. Warum? »Aus Liebe zur Zukunft«, wie ein Slogan des Digitalrats lautet, den wir hier gerne übernehmen. Und weil es um Zukunft geht und um die Liebe, ist es auch ein Buch für unsere Familien.

Berlin & Hamburg im Oktober 2021

LITERATUR- UND QUELLENVERZEICHNIS

Ackerman, Elliot/Stavridis, James: *2034: A Novel of the Next World War.* Penguin Press, 2021.

Adam, Rudolf G.: »AUKUS – Neue Geopolitik in Asien. Die NATO bekommt Konkurrenz«. In: *ISPSW Strategy Series: Focus on Defense and International Security,* Issue No. 793. Oktober 2021.

Adam, Rudolf G.: »Die Guten und die Bösen? Außenpolitik ist nicht Missionsarbeit«. In: *Cicero,* 21.9.2017. https://www.cicero.de/aussenpolitik/die-guten-und-die-boesen-aussenpolitik-ist-nicht-missionsarbeit

Allen, John R./Hodges, Frederick B./Lindley-French, Julian: *Future War and the Defence of Europe.* Oxford University Press, 2021.

Allison, Graham: »The Thucydides Trap: Are the U.S. and China Headed for War?«. In: *The Atlantic,* 24.9.2015. https://www.theatlantic.com/international/archive/2015/09/united-states-china-war-thucydides-trap/406756/

Bach, David/Allen, David Bruce: »What Every CEO Needs to Know About Nonmarket Strategy«. In: *MIT Sloan Management Review,* Vol. 51, No. 3, 2010.

Becker, Benedikt: »Das riesige Potenzial Indiens wird nicht gehoben«. Interview mit Alexander Graf Lambsdorff. In: *WirtschaftsWoche,* 8.5.2021. https://www.wiwo.de/politik/ausland/eu-indien-gipfel-das-riesige-potenzial-indiens-wird-nicht-gehoben/27171130.html

Benrath, Bastian/Barth, Bernhard/Giesel, Jens/u. a.: »Made in China 2025«. In: *Frankfurter Allgemeine Zeitung*, 12.12.2018. https://www.faz.net/aktuell/wirtschaft/infografik-made-in-china-2025-15936600.html

Bermingham, Finbarr: »Germany's South China Sea Adventure Exposes Divisions in Berlin«. In: *South China Morning Post*, 4.8.2021. https://www.scmp.com/news/china/diplomacy/article/3143750/germanys-south-china-sea-adventure-exposes-divisions-berlin

Biden, Joseph: »Remarks at the 2021 Virtual Munich Security Conference«. 19.2.2021. https://www.whitehouse.gov/briefing-room/speeches-remarks/2021/02/19/remarks-by-president-biden-at-the-2021-virtual-munich-security-conference

Bierling, Stephan G.: *America First: Donald Trump im Weißen Haus. Eine Bilanz.* Beck, 2020.

Blackwill, Robert D./Harris, Jennifer M.: *War by Other Means: Geoeconomics and Statecraft.* Harvard University Press, 2016.

Blinken, Antony: »Domestic Renewal as a Foreign Policy Priority«. 9.8.2021. https://www.state.gov/domestic-renewal-as-a-foreign-policy-priority/

Bohnen, Johannes: *Corporate Political Responsibility (CPR): Wie Unternehmen die Demokratie und damit sich selbst stärken.* Springer, 2020.

Böge, Friederike: »Biden-Regierung genehmigt Waffen-Verkauf an Taiwan«. In: *Frankfurter Allgemeine Zeitung*, 5.8.2021. https://www.faz.net/aktuell/politik/ausland/joe-biden-stimmt-einem-waffengeschaeft-mit-taiwan-zu-17471883.html

Brands, Hal/Sullivan, Jake: »China Has Two Paths to Global Domination«. In: *Foreign Policy*, 22.5.2020. https://foreignpolicy.com/2020/05/22/china-superpower-two-paths-global-domination-cold-war/

Bunde, Tobias/Hartmann, Laura/Stärk, Franziska/Carr, Randolf/Erber, Christoph/Hammelehle, Julia/Kabus, Juliane: *Zeitenwende – Wendezeiten.* Sonderausgabe des Munich Security Report zur deutschen Außen- und Sicherheitspolitik. Oktober 2020.

Bundesverband der Deutschen Industrie e. V.: »BDI-Präsident Kempf: Europäische Union im Wettbewerb mit China stärken«. 10.1.2019. https://bdi.eu/media/user_upload/20190110_Pressemitteilung_ Grundsatzpapier_China.pdf

Campbell, Kurt M./Doshi, Rush: »How America Can Shore Up Asian Order – A Strategy for Restoring Balance and Legitimacy«. In: *Foreign Affairs*, 12.1.2021. https://www.foreignaffairs.com/articles/ united-states/2021-01-12/how-america-can-shore-asian-order

Campbell, Kurt M./Doshi, Rush: »The China Challenge Can Help America Avert Decline – Why Competition Could Prove Declinists Wrong Again«. In: *Foreign Affairs*, 3.12.2020. https://www.foreign affairs.com/articles/china/2020-12-03/china-challenge-can-help-america-avert-decline

Campbell, Kurt M./Doshi, Rush: »The Coronavirus Could Reshape Global Order«. In: *Foreign Affairs*, 18.3.2020. https://www.foreig naffairs.com/articles/china/2020-03-18/coronavirus-could-re shape-global-order

Campbell, Kurt M./Ratner, Ely: »The China Reckoning – How Beijing Defied American Expectations«. In: *Foreign Affairs*, 1.3.2018. https://www.foreignaffairs.com/articles/china/2018-02-13/china-reckoning

Chabra, Tarun/Moore, Scott/Tierney, Dominic: »The Left Should Play the China Card«. In: *Foreign Affairs*, 13.2.2020. https://www.foreignaffairs.com/articles/china/2020-02-13/left-should-play-china-card

Chollet, Derek H.: *The Long Game: How Obama Defied Washington and redefined America's Role in The World*. Public Affairs, 2016.

Cline, Mary/Shames, Jon/Rickert McCaffrey, Courtney: »How to Manage Political Risk in a Post-Pandemic World«. The Wharton School, Risk Management and Decision Processes Center. 24.7.2020. https://riskcenter.wharton.upenn.edu/lab-notes/how-to-manage-political-risk-in-a-post-pandemic-world

Colvin, Geoff: »America's top CEOs didn't live up to their Promises in Business Roundtable letter, researchers find«. In: *Fortune*, 6.8.2021. https://fortune.com/2021/08/05/business-roundtable-letter-statement-on-the-purpose-of-a-corporation-stakeholder-ca pitalism-american-ceos

Davis, Stephen M./Lukomnik, Jon/Pitt-Watson, David: *The New Capitalists: How Citizen Investors are Reshaping the Corporate Agenda.* Harvard Business Review Press, 2006.

Doshi, Rush: »The United States, China, and the Contest for the Fourth Industrial Revolution«. In: *Brookings*, 30.7.2020. https:// www.brookings.edu/wp-content/uploads/2020/08/Doshi-Com merce-Testimony-7.30.2020-Final.pdf

Eurasia Group: *The Geopolitics of Semiconductors.* September 2020.

Fancy, Tariq: »Financial world greenwashing the public with deadly distraction in sustainable investing practices«. In: *USA Today*, 16.3.2021. https://eu.usatoday.com/story/opinion/2021/03/16/ wall-street-esg-sustainable-investing-greenwashing-column/694 8923002/

Ferguson, Niall: »Sept. 11 and the Future of American History«. In: *Bloomberg*, 12.9.2021. https://www.bloomberg.com/opinion/arti cles/2021-09-12/niall-ferguson-bad-9-11-predictions-overlooked-the-power-of-tech

Frankfurter Allgemeine Zeitung: »Zögerliche Kritik An China«. 10.7.2020.

Garton Ash, Timothy: »Abhängig von China«. In: *Welt am Sonntag*, 1.8.2021.

Gillmann, Barbara: »Sprind-Chef Laguna: ›Airbnb, Uber und Lieferando machen das Leben der Menschen nicht besser‹«. In: *Handelsblatt*, 17.9.2021. https://www.handelsblatt.com/technik/ it-internet/insight-innovation-sprind-chef-laguna-airbnb-uber-und-lieferando-machen-das-leben-der-menschen-nicht-besser/ 27579336.html?ticket=ST-3585796-4ElzdejEHmDmfZTNHORE-cas01.example.org

Gnad, Oliver: »Wie strategiefähig ist deutsche Politik? Vorausschau-ende Regierungsführung als Grundlage zukunftsrobuster Ent-scheidungen«. In: Bindenagel, James/Herdegen, Matthias/Kaiser, Karl (Hrsg.) *Internationale Sicherheit im 21. Jahrhundert – Deutsch-lands internationale Verantwortung*. 2016.

Goldberg, Jeffrey: »The Obama Doctrine«. In: *The Atlantic*, 1.4.2016. https://www.theatlantic.com/magazine/archive/2016/04/the-obama-doctrine/471525/

Green, Michael J.: *By More Than Providence – Grand Strategy and American Power in the Asia Pacific Since 1783*. Columbia Univer-sity Press, 2017.

Gürtler, Tobias: »Im Moment sind wir in China noch Teil des Plans«. In: *WirtschaftsWoche*, 9.7.2021. https://www.wiwo.de/unterneh men/industrie/maschinenbaubranche-im-moment-sind-wir-in-china-noch-teil-des-plans/27407540.html

Hamilton, Daniel/Anderson, Jeffrey J./Kornblum, John/u.a.: »AICGS Asks: What is Angela Merkel's Transatlantic Legacy?« American Institute for Contemporary German Studies, 12.5.2021. https:// www.aicgs.org/2021/05/aicgs-asks-what-is-angela-merkels-trans atlantic-legacy/

Haro, Edmon de: »America's China Policy – Pushing Back«. In: *The Economist*, 17.7.2021.

Heiduk, Felix/Wacker, Gudrun: »Vom Asien-Pazifik zum Indo-Pazi-fik. Bedeutung, Umsetzung und Herausforderung«. SWP-Studie 9, Stiftung Wissenschaft und Politik. Mai 2020.

Hofer, Joachim: »Der Streit um ASML sollte Europa eine Warnung sein«. In: *Handelsblatt*, 21.7.2021. https://www.handelsblatt.com/ meinung/kommentare/kommentar-der-streit-um-asml-sollte-europa-eine-warnung-sein/27440404.html?ticket=ST-36679 90-mXipNkeBqnecZYRUI4l5-ap2

Horvat, Djerdj/Lerch, Christian/Schätter, Frank/u. a.: »Was Chinas Industriepolitik für die deutsche Wirtschaft bedeutet – Szenarien für ›Made in China 2025‹ am Beispiel des deutschen Maschinenbaus«. Bertelsmann Stiftung, 17.12.2020. https://www.bertels mann-stiftung.de/de/publikationen/publikation/did/was-chinas-industriepolitik-fuer-die-deutsche-wirtschaft-bedeutet

Ischinger, Wolfgang/Nye, Joseph S. Jr.: »Mind the Gap: Priorities for Transatlantic China Policy – Report of the Distinguished Reflection Group on Transatlantic China Policy«. Munich Security Conference. Juli 2021.

Jahn, Bruno: *Sichere Prognosen in unsicheren Zeiten: Wer die Gegenwart richtig liest, kann in die Zukunft schauen.* Droemer, 2018.

Kausikan, Bilahari: »Was Europas Werte wert sind«. In: *Internationale Politik Special: Das Ende der Naivität*, März 2021, S. 36–39.

Kerber, Ross: »Ex-Blackrock Exec starts Row over Value of Sustainable Investing«. In: *Reuters*, 22.3.2021, https://www.reuters.com/article/us-climate-change-blackrock-idUSKBN2BE2GC

Kissinger, Henry: *On China.* Penguin Press, 2011.

KPMG/Berlin Global Advisors/Macro Advisory Partners: »Die Zukunft des Europäischen Bankensektors – Was kommt nach der Corona-Krise?« In: *Audit Committee Quarterly*, 1.7.2021. https://audit-committee-institute.de/media/aci_qextra_2021_europaeis cher_Bankensektor.pdf

Lambsdorff, Alexander Graf: *Wenn Elefanten kämpfen. Deutschlands Rolle in den kalten Kriegen des 21. Jahrhunderts.* Ullstein, 2021.

Mair, Stefan/Strack, Friedolin/Schaff, Ferdinand, »Partner und systemischer Wettbewerber – Wie gehen wir mit Chinas staatlich gelenkter Volkswirtschaft um?«. BDI Grundsatzpapier, 10.1.2019. https://bdi.eu/media/publikationen/#/publikation/news/china-partner-und-systemischer-wettbewerber/

McBride, James/Chatzky, Andrew: »Is ›Made in China 2025‹ a Threat to Global Trade?«. In: *Council on Foreign Relations*, 13.5.2019. https://www.cfr.org/backgrounder/made-china-2025-threat-glo bal-trade

McMaster, H. R./Cohn, Gary D.: »America First doesn't mean America alone«. In: *Wall Street Journal*, 30.5.2017. https://www.wsj.com/articles/america-first-doesnt-mean-america-alone-1496187426

Mead, Walter Russell: *Special Providence: American Foreign Policy and how it changed the World*. Routledge, 2001.

Mead, Walter Russell: »The Jacksonian Revolt – American Populism and the Liberal Order«. In: *Foreign Affairs*, 1.3.2017. https://www.foreignaffairs.com/articles/united-states/2017-01-20/jacksonian-revolt

Merkur: »Neue Seidenstraße: Das Mega-Projekt aus China«. 13.7.2021. https://www.merkur.de/politik/neue-seidenstrasse-china-beteiligte-laender-verlauf-deutschland-kritik-90466338.html

Naß, Matthias: »Die große Ernüchterung«. In: *Internationale Politik Special: Das Ende Der Naivität*, März 2021, S. 18–20.

Navarro, Peter: »America's Military-Industrial Base is at Risk«. In: *New York Times*, 4.10.2018. https://www.nytimes.com/2018/10/04/opinion/america-military-industrial-base.html

Niedermark, Wolfgang/Krämer, Matthias/Lauenroth, Anne/u. a.: »Außenwirtschaftspolitische Zusammenarbeit mit Autokratien – Diskussionspapier zur Gestaltung der Wirtschaftsbeziehungen im internationalen Systemwettbewerb«. Bundesverband der Deutschen Industrie e. V., 16.7.2021. https://bdi.eu/artikel/news/bekenntnis-zur-weltweiten-gesellschaftlichen-verantwortung-von-unternehmen/

O'Brien, Robert: »The Chinese Communist Party's Ideology and Global Ambitions«. US-China Institute, 24.6.2020. https://china.usc.edu/robert-o%E2%80%99brien-chinese-communist-party%E2%80%99s-ideology-and-global-ambitions-june-24-2020

Oettinger, Günther H.: »Schluss mit der Blauäugigkeit – Wie China Europas Häfen und Containerschiffe kapert«. In: *Tagesspiegel*, 31.3.2021. https://www.tagesspiegel.de/wirtschaft/schluss-mit-der-blauaeugigkeit-wie-china-europas-haefen-und-containerschiffe-kapert/27054840.html

Office of the Director of National Intelligence: *Annual Threat Assessment of the US Intelligence Community*. 13.4.2021.

Office of the Under Secretary of Defense for Acquisition and Sustainment/Office of the Deputy Assistant Secretary of Defense for Industrial Policy: »Assessing and Strengthening the Manufacturing and Defense Industrial Base and Supply Chain Resiliency of the United States«. 1.9.2018. https://media.defense.gov/2018/oct/05/2002048904/-1/-1/1/assessing-and-strengthening-the-manufacturing-and%20defense-industrial-base-and-supply-chain-resiliency.pdf

Olson, Wyatt: »›The US is ready‹: INDOPACOM Leader confident in Armed Forces' ability to defend Taiwan«. In: *Stars and Stripes*, 6.8.2021. https://www.stripes.com/theaters/asia_pacific/2021-08-05/taiwan-china-beijing-us-military-indopacom-south-china-sea-2464994.html

Pelosi, Nancy: »Remarks at Munich Security Conference«. 14.2.2020. https://www.speaker.gov/newsroom/21420-1

Pence, Mike: »Remarks on the Administration's Policy towards China«. Hudson Institute, 4.10.2018. https://www.hudson.org/events/1610-vice-president-mike-pence-s-remarks-on-the-administration-s-policy-towards-china102018

Preuss, Susanne: »Rückzug aus China ist keine Option«. In: *Frankfurter Allgemeine Zeitung*, 23.7.2020. https://www.faz.net/aktuell/wirtschaft/unternehmen/chefin-des-maschinenbau-konzerns-trumpf-ueber-globalisierung-16872079.html

Reichart, Thomas: »Viel Handel, kein Wandel«. In: *Internationale Politik Special: Das Ende Der Naivität*, März 2021, S. 18–20.

Rice, Condoleezza/Zegart, Amy B.: *Political Risk: Facing the Threat of Global Insecurity in the Twenty-First Century*. W&N, 2018.

Riecke, Torsten: »Globale Trends: Die magischen 16 Zukunftsbranchen der Industrie«. In: *Handelsblatt*, 19.4.2021.

Roberts, Anthea/Choer Moraes, Henrique/Ferguson, Victor: »The Geoeconomic World Order«. In: *Lawfare*, 19.11.2018. https://www.lawfareblog.com/geoeconomic-world-order

Rudd, Kevin: »Why the Quad Alarms China«. In: *Foreign Affairs*, 6.8.2021. https://www.foreignaffairs.com/articles/united-states/2021-08-06/why-quad-alarms-china

Sandschneider, Eberhard: *Globale Rivalen: Chinas unheimlicher Aufstieg und die Ohnmacht des Westens*. Hanser, 2007.

Schlandt, Jakob: »Der Hebel der EU-Taxonomie ist enorm«. In: *Tagesspiegel Background*, 1.7.2021. https://background.tagesspiegel.de/sustainable-finance/der-hebel-der-eu-taxonomie-ist-enorm

Schmutz, Christoph G.: »Wie die niederländische Firma ASML in den technologischen kalten Krieg zwischen den USA und China geraten ist«. In: *Neue Zürcher Zeitung*, 30.7.2021. https://www.nzz.ch/wirtschaft/asml-deren-maschine-produziert-die-leistungsfaehigsten-mikrochips-ld.1637842

Schuck, Peter H./Wilson, James Q.: *Understanding America: The Anatomy of an Exceptional Nation*. Public Affairs, 2008.

Schuknecht, Ludger: *Public Spending and the Role of the State: History, Performance, Risk and Remedies*. Cambridge University Press, 2021.

Schwarzer, Daniela: *Final Call. Wie Europa sich zwischen China und den USA behaupten kann*. Campus, 2021.

Shi-Kupfer, Kristin/Soffel, Christian: »Soft Power und harte Fakten«. In: *Internationale Politik Special: Das Ende Der Naivität*, März 2021, S. 13–17.

Siegele, Ludwig: »Eine Frage der Zeit: Künstliche Intelligenz wird die Weltpolitik durcheinanderwirbeln«. In: *Internationale Politik: Künstliche Intelligenz*, Nr. 4, Juli/August 2018, S. 8–13.

Suder, Katrin: »Es geht um den Kern von Sicherheit«. In: *Internationale Politik: Künstliche Intelligenz*, Nr. 4, Juli/August 2018, S. 14–19.

Sullivan, Jake/Campbell, Kurt M.: »Competition Without Catastrophe – How America Can Both Challenge and Coexist With China«. In: *Foreign Affairs*, 1.9.2019. https://www.foreignaffairs.com/articles/china/competition-with-china-without-catastrophe

Swiss Technology Network: »Made in China 2025: Chance oder Bedrohung?« In: *Inside-Swisst*, 1.12.2018. https://www.inside-swisst.net/zukunftsmarkt-china-3-2018.html

Terhalle, Maximilian: »In die Arme Chinas?« In: *Frankfurter Allgemeine Zeitung*, 13.2.2021.

Tian, Yew Lun/Lee, Yimou: »China condemns U.S. as Taiwan welcomes lifting of curbs on ties«. In: *Reuters*, 11.1.2021. https://www.reuters.com/article/us-taiwan-usa-idUSKBN29G05V

The Economist: »Joe Biden is determined that China should not displace America«. 17.7.2021. https://www.economist.com/briefing/2021/07/17/joe-biden-is-determined-that-china-should-not-displace-america

The White House: »National Security Strategy of the United States of America«. 1.12.2017. https://trumpwhitehouse.archives.gov/wp-content/uploads/2017/12/NSS-Final-12-18-2017-0905.pdf

Von Buttlar, Horst/Geiger, Raphael/Wiechmann, Jan Christoph: »Zwischen zwei Giganten«. In: *Stern*, 15.7.2021.

Von Fritsch, Rüdiger: *Russlands Weg: Als Botschafter in Moskau*. Aufbau Verlag, 2020.

Walkenhorst, Peter: »Ein Neuer Kalter Krieg?« In: *Internationale Politik Special: Das Ende der Naivität*, März 2021, S. 8–12.

Wübbeke, Jost/Meissner, Mirjam/Zenglein, Max J./u.a.: »Made in China 2025: The making of a high-tech superpower and consequences for industrial countries«. Mercator Institute for China Studies, 1.12.2016. https://merics.org/sites/default/files/2020-04/Made%20in%20China%202025.pdf

Wübbeke, Jost: »Die Kampfansage an Deutschland«. In: *Zeit Online*, 27.5.2015. https://www.zeit.de/wirtschaft/2015-05/china-industrie-technologie-innovation/komplettansicht

Zakaria, Fareed: »The New China Scare: Why America shouldn't panic about its latest challenger«. In: *Foreign Affairs*, Vol. 99 No. 1, January/February 2020, pp. 52–69.

Zoellick, Robert B.: »Whither China: From Membership to Responsibility?«. Konrad Adenauer Stiftung, 21.9.2015. https://www.kas.de/c/document_library/get_file?uuid=fbf20ea9-c8c8-5b41-304d-bee5f301454e&groupId=252038

Kai-Fu Lee / Qiufan Chen
KI 2041
Zehn Zukunfsvisionen

2022. ca. 512 Seiten.
Gebunden mit Schutzumschlag

Auch als E-Book erhältlich

Science und Fiction

Eine Chinesin und ein Brasilianer, die einander in einer virtuellen
Realität daten, ein Münchner Quantencomputer-Profi, der die Welt
bedroht, eine junge Inderin, die ihr Leben dem Algorithmus der Fami-
lienversicherung unterordnen soll: In KI 2041 haben sich der international bekannteste KI-Experte und ein führender Science-Fiction-
Autor zusammengetan, um eine zwingende Frage zu beantworten.
Wie wird künstliche Intelligenz unsere Welt in zwanzig Jahren verändert haben? Zehn Geschichten führen die Leser_innen um die Welt
und in einen neuen KI-geprägten Alltag, jeweils gefolgt von einem
Realitätscheck durch Kai-Fu Lee. Ein Muss für alle, die das Potenzial
künstlicher Intelligenz erleben und verstehen wollen.

campus.de

Frankfurt. New York